第 四 級 海 上 無 線 通 信 士

《平成31年2月期～令和5年8月期》

一般財団法人

情 報 通 信 振 興 会

は　じ　め　に

　情報通信社会がますます発展するなか、あなたは今、無線技術者として活躍すべく、これに必要な無線従事者資格を取得するために国家試験合格を目指して勉学に励んでおられることでしょう。

　さて、どんな試験でも同じことですが、試験勉強は労力を極力少なくして能率的に進め、最短のコースを通って早く実力をつけ目標の試験に合格したい、これは受験する者の共通の願いでありましょう。そこで、本書はその手助けができるようにと編集したものです。

☆ 本書の利用に当たって

　資格試験に合格する近道は、何と言っても、今までにどのような問題が出されたか、その出題状況を把握し、既出問題を徹底的にマスターすることです。このため本書では、最近の既出問題を科目別に分け、それを試験期順に収録しています。

　また、問題の出題形式は、全科目とも多肢選択式です。多肢選択問題の解答は、一見やさしそうに見えますが、出題の本質をつかみ正答を得るためには実力を養うことが肝要です。それには、できるだけ沢山の問題を演習することと確信します。これにより、いわゆる「切り口」の違った問題、新しい問題にも十分対処できるものと考えます。受験される方にはまたとない参考書としておすすめします。

　巻末には、最近の出題状況が一目で分かるように一覧表がありますのでこれを活用して重要問題を把握するとともに、効率的に学習してください。

第四級海上無線通信士国家試験問題解答集

目　次

無線工学の試験問題における図記号の取り扱いについて

　無線工学の試験問題において、図中の抵抗などの一部は旧図記号で表記されていましたが、平成26年4月1日以降に実施の試験から図中の図記号は原則、新図記号で表記されています。

　(注)新図記号：原則、JIS(日本工業規格)の「C0617」に定められた図記号で、それ以前のものを旧図記号と表記しています。

原則として使用する図記号

名称と図記号			
素子	抵　抗 （可変） （動接点付）	コイル 磁心入り	コンデンサ （可変）	変成器 磁心入り
トランジスタ	バイポーラ	接合形FET	MOS形FET （エンハンスメント）	MOS形FET （デプレッション）
ダイオード サイリスタ	一般　定電圧	発光　ホト	バラクタ　トンネル	サイリスタ
スイッチ	メーク	切替 （オフ付）	下図の図記号は、使用しません。	
電源	直流	交流	定電流	定電圧
その他	アンテナ一般	接地 接地　等電位結合 （一般）（フレーム）	マイクロホン	スピーカ
指示電気 計器動作 原理記号	永久磁石可動コイル	整流	熱電対	可動鉄片
	誘導	静電	電流力計	

フィルタ等	低域フィルタ(LPF)	高域フィルタ(HPF)	帯域フィルタ(BPF)	帯域除去フィルタ(BEF)
	低域フィルタ (LPF)	高域フィルタ (HPF)	帯域フィルタ (BPF)	帯域除去フィルタ (BEF)
演算器等	乗算器 $\otimes$	加算器 $\oplus$	抵抗減衰器 抵抗減衰器 (ATT)	移相器 移相器 ($\pi/2$)
その他	演算増幅器	検流計 Ⓖ		

具体的な図記号の使用例

(1) 演算増幅器Aopを用いた加算回路

Aop：演算増幅器
$R_1 \sim R_3$：抵抗

(2) FETの等価回路

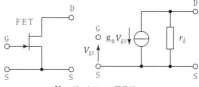

V_{gs}：ゲートソース間電圧
r_d：ドレイン抵抗
g_m：相互コンダクタンス

(3) QPSK変調回路

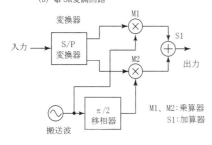

M1、M2：乗算器
S1：加算器

(4) RC回路

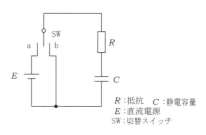

R：抵抗　　C：静電容量
E：直流電源
SW：切替スイッチ

(5) QPSK復調回路

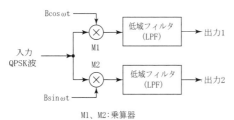

M1、M2：乗算器

(6) ブリッジ回路

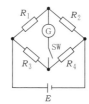

$R_1 \sim R_4$：抵抗　　E：直流電源
SW：スイッチ　G：検流計

無線工学

試験概要

　試験問題：問題数／18問

　　　　　　試験時間／2時間

　合格基準：満　点／90点　合格点／63点

　配点内訳：Ａ問題…13問／65点（1問5点）

　　　　　　Ｂ問題… 5問／25点（1問5点）

A－１　次の記述は、磁石の性質等について述べたものである。□□□内に入れるべき字句の正しい組合せを下の番号から選べ。

(1)　図１に示すように、二つの磁石 M_1 及び M_2 それぞれの N 極を互いに近づけると、M_1 と M_2 の間には、□ A □ が働く。

(2)　図２に示すように、磁石 M_1 の N 極を鉄片 Fe に近づけると、鉄片 Fe の磁石 M_1 に近い部分に磁極の□ B □が現れる。

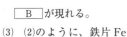  

近づける　　　　　　近づける

図１　　　　　　　　図２

(3)　(2)のように、鉄片 Fe に磁極が現れる現象を□ C □現象という。

	A	B	C		A	B	C
1	反発力	S極	磁気誘導	2	反発力	N極	電磁誘導
3	反発力	S極	電磁誘導	4	吸引力	N極	電磁誘導
5	吸引力	S極	磁気誘導				

A－２　次の記述は、トランジスタのベース接地電流増幅率 α とエミッタ接地電流増幅率 β の関係について述べたものである。□□□内に入れるべき字句の正しい組合せを下の番号から選べ。

(1)　図１に示す回路において、エミッタ電流 I_E〔A〕とコレクタ電流 I_C〔A〕の間には、$I_C = \alpha I_E$ の関係がある。このときのベース電流 I_B〔A〕は、図２から次式で表される。

$$I_B = I_E - I_C = \boxed{\text{ A }} \text{〔A〕}$$

(2)　β と α の関係は、次式で表される。

$$\beta = I_C / I_B = \boxed{\text{ B }}$$

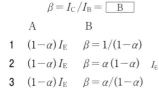
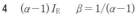
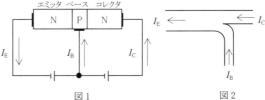

	A	B
1	$(1-\alpha) I_E$	$\beta = 1/(1-\alpha)$
2	$(1-\alpha) I_E$	$\beta = \alpha(1-\alpha)$
3	$(1-\alpha) I_E$	$\beta = \alpha/(1-\alpha)$
4	$(\alpha-1) I_E$	$\beta = 1/(\alpha-1)$
5	$(\alpha-1) I_E$	$\beta = \alpha/(\alpha-1)$

図１　　　　　　　図２

エミッタ　ベース　コレクタ

答　　A－１：**1**　　　A－２：**3**

A－3　次の図に示す正弦波交流電圧の瞬時値 v を表す式として、正しいものを下の番号から選べ。

1　$v = 100 \sin 25\pi t$ 〔V〕

2　$v = 100 \sin 50\pi t$ 〔V〕

3　$v = 100\sqrt{2} \sin 25\pi t$ 〔V〕

4　$v = 100\sqrt{2} \sin 50\pi t$ 〔V〕

5　$v = 100\sqrt{2} \sin 100\pi t$ 〔V〕

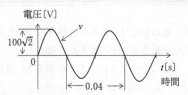

A－4　次は、論理回路の名称と真理値表の組合せを示したものである。このうち誤っているものを下の番号から選べ。ただし、正論理とし、A 及び B を入力、X を出力とする。

1	AND		2	OR		3	NAND		4	NOR		5	EX-OR	
A	B	X	A	B	X	A	B	X	A	B	X	A	B	X
0	0	0	0	0	1	0	0	1	0	0	1	0	0	0
0	1	0	0	1	0	0	1	1	0	1	0	0	1	1
1	0	0	1	0	0	1	0	1	1	0	0	1	0	1
1	1	1	1	1	1	1	1	0	1	1	0	1	1	0

A－5　次の記述は、DSB（A3E）送信機に必要な条件について述べたものである。このうち誤っているものを下の番号から選べ。

1　電力効率が低いこと。

2　スプリアス発射が少なく、その強度が許容値内であること。

3　発射される電波の占有周波数帯幅は、許容値内であること。

4　送信される電波の周波数は、正確かつ安定であり、常に許容される偏差内に保たれていること。

5　送信機からアンテナ系に供給される電力は、安定かつ適正であり、常に許容される偏差内に保たれていること。

A－6　次の記述は、図に示す原理的な構成による SSB（J3E）信号の発生について述べたものである。□□内に入れるべき字句の正しい組合せを下の番号から選べ。ただし、変調信号の周波数を f_S〔Hz〕及び搬送波の周波数を f_C〔Hz〕とする。また、帯域フィルタ（BPF）は、上側波を通過させるものとする。

(1)　平衡変調器の出力「ア」の周波数成分は、□A□である。

(2)　帯域フィルタ（BPF）の出力「イ」の周波数成分は、□B□である。

答　A－3：4　　A－4：2　　A－5：1

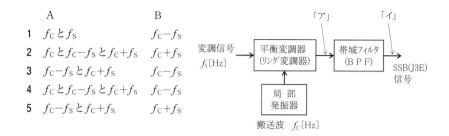

	A	B
1	f_Cとf_S	f_C-f_S
2	f_Cとf_C-f_Sとf_C+f_S	f_C+f_S
3	f_C-f_Sとf_C+f_S	f_C-f_S
4	f_Cとf_C-f_Sとf_C+f_S	f_C-f_S
5	f_C-f_Sとf_C+f_S	f_C+f_S

A－7　次の記述は、図に示すスーパヘテロダイン受信機（A3E）の原理的な構成例について述べたものである。[＿＿]内に入れるべき字句の正しい組合せを下の番号から選べ。なお、同じ記号の[＿＿]内には、同じ字句が入るものとする。

(1) 受信周波数 f_C は、局部発振器と[A]によって、中間周波数 f_I に変換される。

(2) 一般に、中間周波数 f_I は、受信周波数 f_C よりも[B]周波数である。

(3) 検波器は、振幅変調された信号から、[C]信号を取り出す。

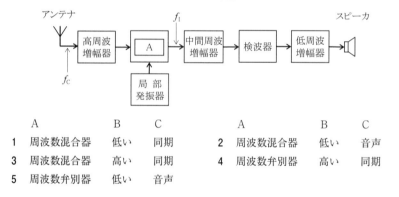

	A	B	C		A	B	C
1	周波数混合器	低い	同期	2	周波数混合器	低い	音声
3	周波数混合器	高い	同期	4	周波数弁別器	高い	同期
5	周波数弁別器	低い	音声				

A－8　次の記述は、FM（F3E）受信機について述べたものである。[＿＿]内に入れるべき字句の正しい組合せを下の番号から選べ。

(1) リミタ機能を用いて、雑音やフェージングなどによる[A]の変動分を取り除いている。

(2) 周波数弁別器は、FM 波から[B]を取り出す。

(3) 受信信号が無いか、弱いときに生ずる大きな雑音を抑圧するため、[C]回路がある。

[答]　A－6：5　　A－7：2

	A	B	C
1	周波数	中間周波信号	プレエンファシス
2	周波数	音声信号	スケルチ
3	振幅	音声信号	プレエンファシス
4	振幅	音声信号	スケルチ
5	振幅	中間周波信号	プレエンファシス

A-9 次に示す周波数スペクトル分布に対応する電波の型式の組合せとして、正しいものを下の番号から選べ。ただし、電波は、振幅変調の無線電話とする。また、点線部分は、電波が出ていないものとする。

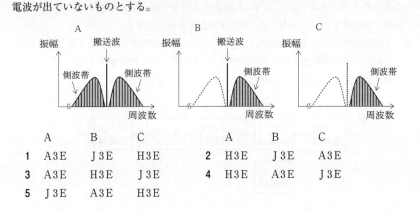

	A	B	C			A	B	C
1	A3E	J3E	H3E		2	H3E	J3E	A3E
3	A3E	H3E	J3E		4	H3E	A3E	J3E
5	J3E	A3E	H3E					

A-10 次の記述は、パルスレーダーの距離分解能について述べたものである。□□内に入れるべき字句の正しい組合せを下の番号から選べ。

(1) 同じ方位において、□A□の異なる二つの物標を識別できる物標相互間の□B□をいう。

(2) パルス幅が、□C□ほど良い。

	A	B	C
1	距離	最短距離	狭い
2	距離	最長距離	広い
3	距離	最長距離	狭い
4	仰角	最短距離	狭い
5	仰角	最長距離	広い

| 答 | A-8：**4** | A-9：**3** | A-10：**1** |

A－11　次の記述は、電池の一般的な特性等について述べたものである。このうち誤っているものを下の番号から選べ。

1　マンガン乾電池は、一次電池であるので充放電を繰り返して使うことができない。

2　鉛蓄電池の電解液（希硫酸）の比重は、放電が進むと小さくなる。

3　リチウムイオン蓄電池は、メモリー効果がないので、継ぎ足し充電ができる。

4　電圧及び容量の等しい電池2個を図のように接続しても、合成容量は1個のときと変わらない。

5　完全に充電された容量が30〔Ah〕の蓄電池は、3〔A〕の電流を10時間流し続けることができる。

A－12　次の記述は、図に示す小電力用の同軸給電線について述べたものである。このうち誤っているものを下の番号から選べ。

1　特性インピーダンスは、50〔Ω〕や75〔Ω〕のものが多い。

2　一般に外部導体を接地して用いる。

3　周波数がマイクロ波（SHF）のように高くなると、内部導体の表皮効果により損失が大きくなる。

4　図に示す「ア」の部分は、誘電体である。

5　平衡形の給電線である。

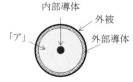

A－13　次の記述は、電流計（直流）について述べたものである。　　　内に入れるべき字句の正しい組合せを下の番号から選べ。なお、同じ記号の　　　内には、同じ字句が入るものとする。

(1)　電流計の内部抵抗は、一般に　A　ほど良い。

(2)　電流計に　B　に抵抗を接続すると、電流計の測定範囲を拡大することができる。

内部抵抗 r_A〔Ω〕
最大目盛値 I_M〔A〕

(3)　図に示す内部抵抗が r_A〔Ω〕、最大目盛値が I_M〔A〕の電流計 A_0 の測定範囲を2倍にするには、　C　の抵抗を A_0 に　B　に接続すればよい。

	A	B	C		A	B	C
1	大きい	並列	r_A〔Ω〕	2	大きい	直列	$2r_A$〔Ω〕
3	小さい	並列	$2r_A$〔Ω〕	4	小さい	直列	$2r_A$〔Ω〕
5	小さい	並列	r_A〔Ω〕				

答　A－11：4　　A－12：5　　A－13：5

B-1 次の記述は、図に示す理想的な演算増幅器（オペアンプ）A_{OP} について述べたものである。このうち正しいものを1、誤っているものを2として解答せよ。

ア　入力端子1は、非反転入力端子である。

イ　入力インピーダンスは、零（0）である。

ウ　入力端子2から演算増幅器（A_{OP}）には

　　電流が流れない。

エ　電圧増幅度は、無限大（∞）である。

オ　出力インピーダンスは、無限大（∞）である。

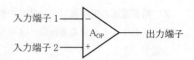

B-2 次の記述は、デジタル変調について述べたものである。　　内に入れるべき字句を下の番号から選べ。なお、同じ記号の　　内には、同じ字句が入るものとする。

(1)　ASK は、入力信号によって、搬送波の　ア　が変化する方式をいう。

(2)　FSK は、入力信号によって、搬送波の　イ　が変化する方式をいう。

(3)　PSK は、入力信号によって、搬送波の　ウ　が変化する方式をいう。

(4)　PSK のうち、　ウ　が2種類変化するのを　エ　という。

(5)　入力信号によって、搬送波の振幅と位相が変化する方式は、　オ　という。

1　位相	2　振幅	3　周波数	4　透過率	5　吸収率
6　BPSK	7　PCM	8　反射率	9　QPSK	10　QAM

B-3 次の記述は、捜索救助用レーダートランスポンダ（SART）について述べたものである。　　内に入れるべき字句を下の番号から選べ。ただし、小型船舶（20トン未満）用を除く。

(1)　SART に使用される周波数帯は、　ア　〔GHz〕帯である。

(2)　SART の電波を放射するアンテナの水平面内指向性は、　イ　である。

(3)　捜索側の船舶又は航空機が SART の電波を受信すると、そのレーダーの表示器上に　ウ　個の輝点列が表示される。

(4)　表示器上の輝点列から SART までの　エ　を知ることができる。

(5)　電池の容量は、96時間の待受状態の後、連続　オ　時間支障なく動作させることができることが要求されている。

1　6	2　9	3　15	4　単一指向性	5　全方向性
6　8	7　12	8　24	9　方向のみ	10　距離及び方位

答　B-1：ア-2　イ-2　ウ-1　エ-1　オ-2

　　B-2：ア-2　イ-3　ウ-1　エ-6　オ-10

　　B-3：ア-2　イ-5　ウ-7　エ-10　オ-6

B-4　次の記述は、図に示す最高使用可能周波数（MUF）と最低使用可能周波数（LUF）の電波予報例について述べたものである。□□□内に入れるべき字句を下の番号から選べ。

(1)　一般に、MUF曲線とLUF曲線とで挟まれた範囲の周波数は通信に用いることが　ア　。

(2)　LUF曲線より低い周波数は、電離層での減衰が　イ　。

(3)　MUF曲線より高い周波数は、　ウ　ので、通信用として実用にならない。

(4)　一般に、　エ　には高い周波数よりも低い周波数が通信に適している。

(5)　最適使用周波数（FOT）は、MUFの　オ　〔％〕の周波数をいう。

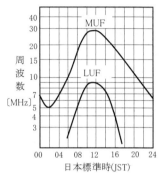

日本標準時(JST)

| 1 | できない | 2 | 大きい | 3 | 電離層を突き抜ける | 4 | 昼間 | 5 | 85 |
| 6 | できる | 7 | 小さい | 8 | 電離層での減衰が大きい | 9 | 夜間 | 10 | 50 |

B-5　次の記述は、図1に示す半波長ダイポールアンテナ（ANT）について述べたものである。□□□内に入れるべき字句を下の番号から選べ。ただし、波長をλ〔m〕とする。

(1)　半波長ダイポールアンテナは、　ア　アンテナの一つである。

(2)　半波長ダイポールアンテナの利得は、等方性アンテナより　イ　。

(3)　半波長ダイポールアンテナの実効長は、　ウ　〔m〕で表される。

(4)　基本波に共振しているときのアンテナ上の電流分布の概略を表す図は、図2の　エ　に示すものとなる。

(5)　アンテナの指向特性の概略を表す図は、図3の　オ　に示すものとなる。

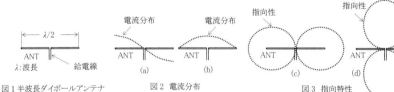

図1 半波長ダイポールアンテナ　　図2 電流分布　　図3 指向特性

| 1 | 定在波 | 2 | 小さい | 3 | $2\lambda/\pi$ | 4 | (b) | 5 | (d) |
| 6 | 進行波 | 7 | 大きい | 8 | λ/π | 9 | (a) | 10 | (c) |

答　B-4：ア-6　イ-2　ウ-3　エ-9　オ-5

　　B-5：ア-1　イ-7　ウ-8　エ-4　オ-5

▶解答の指針────────────────────────────

A-1

(1) 図1のように同種の磁極は近づけると反発し、その力は<u>反発力</u>である。

(2) 図2のように M_1 の N 極を Fe の鉄片に近づけると M_1 に近い鉄片の部分に反対の<u>S極</u>が現れる。

(3) (2)のように磁性体である Fe の鉄片を磁界中に置くと磁極が現れる現象は<u>磁気誘導現象</u>である。

A-2

(1) $I_C = \alpha I_E$ の関係を与式に代入して、I_B の次式を得る。

$$I_B = I_E - I_C = I_E - \alpha I_E = \underline{(1-\alpha) I_E} \ \text{〔A〕}$$

(2) β は、上式と題意から次のようになる。

$$\beta = \frac{I_C}{I_B} = \frac{\alpha I_E}{(1-\alpha) I_E} = \underline{\frac{\alpha}{1-\alpha}}$$

A-3

v の振幅 V_m : $V_m = 100\sqrt{2}$ 〔V〕

v の周期 T : $T = 0.04$ 〔s〕

v の周波数 f : $f = 1/T = 1/0.04 = 25$ 〔Hz〕

したがって、v の瞬時値は次のとおり。

$$v = V_m \sin \omega t = 100\sqrt{2} \ \sin 50\pi t \ \text{〔V〕}$$

A-5

1　一般的に電力効率が**高い**こと。

A-6

(1) 平衡変調器の出力の周波数成分は、$\underline{f_c - f_s}$ 〔Hz〕と $\underline{f_c + f_s}$ 〔Hz〕である。

(2) 題意より帯域フィルタの出力の周波数成分は、$\underline{f_c + f_s}$ 〔Hz〕である。

A-9

A：搬送波を有し、両方の側波帯が存在しているので、A3E。

B：搬送波を有し、片方の側波帯のみ存在しているので、H3E。

C：搬送波がなく、片方の側波帯のみ存在しているので、J3E。

A – 10

(1)　同じ方位にあり、距離の異なる二つの物標を識別できる物標相互間の最短距離である。

(2)　その距離 d はパルス幅を τ〔μs〕とすると、$d = 150\tau$〔m〕で表され、パルス幅は狭いほど良い。

A – 11

4　電圧及び容量の等しい電池2個を図のように接続すると合成容量は1個のときの2倍になる。

A – 12

5　不平衡形の給電線である。

A – 13

(1)　電流計の内部抵抗は、電圧降下による測定誤差を軽減するため一般に小さいほど良い。

(2)　電流計に並列に抵抗を接続し電流を分流することにより測定範囲を拡大できる。

(3)　下図のように A_0 に r_B〔Ω〕の抵抗（分流器）を並列接続して測定範囲を2倍にするには r_B に I_M〔A〕の電流を流せばよい。したがって、電圧 V_{A0} は次のようになる。

$$V_{A0} = I_M r_A = I_M r_B$$

すなわち、$r_B = r_A$〔Ω〕の抵抗を並列接続すればよい。

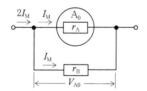

B – 1

ア　入力端子1は、反転（逆相）入力端子である。

イ　入力インピーダンスは、無限大（∞）である。

オ　出力インピーダンスは、零（0）である。

B – 3

　SART は GMDSS の一種であって、生存艇（遭難艇）に装備され、捜索船舶又は救難航空機の9〔GHz〕帯のレーダー電波を待受け、受信すると応答信号を出すことによって遭難場所を通報するシステムである。送信アンテナの指向性は、受信位置が不定であるから、全方向性である。応答信号は、同じ周波数帯の周波数9,200〜9,500〔MHz〕の300

〔MHz〕にわたり、のこぎり波形状に周波数掃引を12回繰り返す電波であって、レーダ指示器上に12個の輝点列を表示し、輝点列の表示器の中心に最も近い輝点でSARTの距離及び方位を知ることができる。SARTの電池は、96時間の待受状態の後、1〔ms〕の周期でレーダ電波を受信した場合に、連続8時間の動作に支障のない容量が要求されている。

B-4

(1)　一般に、MUF曲線とLUF曲線の間の周波数は、通信に用いることができる。

(2)　LUF曲線より低い周波数は、電離層での減衰が大きい。

(3)　MUF曲線より高い周波数は、電離層を突き抜けるので通信には用いられない。

(4)　一般に、夜間には高い周波数より低い周波数が通信に適している。

(5)　FOTは、減衰が少なく電離層を突き抜ける可能性が低い周波数としてMUFの85〔%〕で定義する。

B-5

(1)　半波長ダイポールアンテナは、長さが半波長で、その波長で共振する周波数とその近辺以外では使用できない定在波アンテナの一つである。

(2)　半波長ダイポールアンテナの利得は、等方性アンテナより大きく約1.64倍である。

(3)　半波長ダイポールアンテナの実効長は、λ/π〔m〕で表される。

(4)　基本波に共振しているときのアンテナ上の電流分布の概略を示す図は、図2の(b)である。

(5)　アンテナの指向特性の概略を表す図は、アンテナに垂直な面内で最大放射となる図3の(d)である。

A－1　次の記述は、真空中に置かれた点電荷の周囲の電界について述べたものである。
____内に入れるべき字句の正しい組合せを下の番号から選べ。ただし、図に示すように
点Pに置かれた Q〔C〕の点電荷から r〔m〕離れた点Rの電界の強さ（大きさ）を E〔V/m〕
とする。

(1)　点Pに置かれた点電荷が Q〔C〕のとき、点Pから $3r$〔m〕離れた点Sの電界の
　　強さ（大きさ） E_S は、　A　〔V/m〕である。

(2)　点Pに置かれた点電荷を Q〔C〕から $9Q$〔C〕に変えたとき、点Sの電界の強さ（大
　　きさ） E_S は、　B　〔V/m〕である。

	A	B		A	B
1	$E/3$	$3E$	2	$E/3$	$E/3$
3	$E/9$	E	4	$E/9$	$E/3$
5	$E/9$	$3E$			

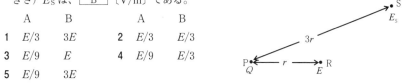

A－2　次の記述は、図に示す原理的な接合形電界効果トランジスタ（FET）増幅回路
について述べたものである。____内に入れるべき字句の正しい組合せを下の番号から選
べ。

(1)　図のFETは、　A　形である。

(2)　図の回路は、　B　増幅回路である。

(3)　入力信号は、　C　間に加えられている。

	A	B	C
1	Pチャネル	ドレイン接地	ゲート－ソース
2	Pチャネル	ソース接地	ゲート－ドレイン
3	Nチャネル	ゲート接地	ドレイン－ソース
4	Nチャネル	ソース接地	ゲート－ソース
5	Nチャネル	ドレイン接地	ドレイン－ソース

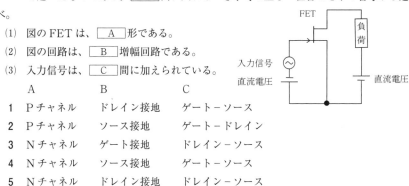

A－3　次の記述は、図に示す抵抗 R、容量リアクタンス X_C 及び誘導リアクタンス X_L
の並列回路について述べたものである。____内に入れるべき字句の正しい組合せを下の
番号から選べ。ただし、回路は共振状態にあるものとする。

---

(1) X_L に流れる電流の大きさ I_L は、　A　である。

(2) 交流電圧 V から流れる電流の大きさ I_0 は、　B　である。

(3) V と I_0 の位相差は、　C　である。

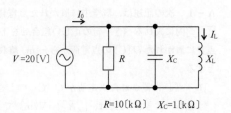

	A	B	C
1	20〔mA〕	2〔mA〕	$\pi/2$〔rad〕
2	20〔mA〕	2〔mA〕	0〔rad〕
3	10〔mA〕	22〔mA〕	0〔rad〕
4	10〔mA〕	2〔mA〕	0〔rad〕
5	10〔mA〕	22〔mA〕	$\pi/2$〔rad〕

A-4　次の記述は、受信機に用いられる回路について述べたものである。このうち FM (F3E) 受信機の周波数弁別器について述べたものとして正しいものを下の番号から選べ。

1　送信機と受信機の周波数の同期をとるための回路である。

2　復調された音声信号の明りょう度を上げるための回路である。

3　入力信号の周波数変化から音声信号を取り出すための回路である。

4　フェージングなどによる振幅変調成分を取り除くための回路である。

5　受信電波がないとき、又は極めて弱いときに生ずる雑音を抑圧するための回路である。

A-5　次の記述は、図に示す理想的な演算増幅器（オペアンプ）A_{OP} について述べたものである。　　内に入れるべき字句の正しい組合せを下の番号から選べ。

(1) 入力インピーダンスは、　A　である。

(2) 出力インピーダンスは、　B　である。

(3) 増幅度は、　C　である。

入力端子 1　—

A_{OP}　　出力端子

入力端子 2　＋

	A	B	C
1	無限大 (∞)	零 (0)	無限大 (∞)
2	無限大 (∞)	無限大 (∞)	零 (0)
3	無限大 (∞)	無限大 (∞)	無限大 (∞)
4	零 (0)	零 (0)	無限大 (∞)
5	零 (0)	無限大 (∞)	零 (0)

A-6　次の記述は、図に示す SSB (J3E) 波を発生させる原理的な構成例について述べたものである。このうち帯域フィルタ（BPF）について述べたものとして、正しいもの

答　A-3：2　　A-4：3　　A-5：1

を下の番号から選べ。

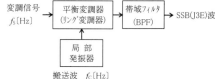

1 搬送波の成分（f_C）を通過させる。

2 上下側波帯成分（$f_C \pm f_S$）の両方と
搬送波の成分（f_C）を通過させる。

3 上下側波帯成分（$f_C \pm f_S$）の両方を
通過させる。

4 上下側波帯成分（$f_C \pm f_S$）のうち、いずれか一方を通過させる。

5 上下側波帯成分（$f_C \pm f_S$）のうち、いずれか一方と搬送波（f_C）を通過させる。

A-7 次の記述は、図に示すスーパヘテロダイン受信機（A3E）の構成例について述べたものである。 ____ 内に入れるべき字句の正しい組合せを下の番号から選べ。なお、同じ記号の ____ 内には、同じ字句が入るものとする。

(1) 周波数混合器の出力の周波数は、 A 数といわれる。

(2) 一般に、 A 数は、受信周波数よりも B 周波数である。

(3) C は、振幅変調された信号から、音声信号を取り出す。

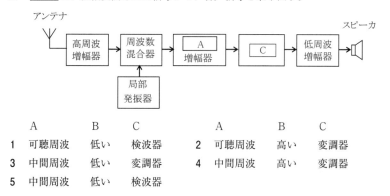

	A	B	C		A	B	C
1	可聴周波	低い	検波器	2	可聴周波	高い	変調器
3	中間周波	低い	変調器	4	中間周波	高い	変調器
5	中間周波	低い	検波器				

A-8 次の記述は、DSB（A3E）通信方式と比べたときのSSB（J3E）通信方式の一般的な特徴について述べたものである。 ____ 内に入れるべき字句の正しい組合せを下の番号から選べ。ただし同じ条件のもとで通信を行うものとする。

(1) 送信電力が、 A 。

(2) 占有周波数帯幅は約 B である。

(3) 選択性フェージングの影響が C 。

答 A-6：4 A-7：5

	A	B	C		A	B	C
1	大きくなる	1/2	小さい	2	大きくなる	1/4	大きい
3	小さくてすむ	1/2	小さい	4	小さくてすむ	1/4	大きい
5	小さくてすむ	1/2	大きい				

A-9 周波数 f_C〔Hz〕の搬送波を最高周波数が f_S〔Hz〕の変調信号で周波数変調したときの占有周波数帯幅 B〔Hz〕を表す近似式として、適切なものを下の番号から選べ。ただし、最大周波数偏移を Δf〔Hz〕とし、変調指数 m_f は $1<m_f<10$ とする。

1 $B≒\Delta f+2f_S$〔Hz〕   2 $B≒\Delta f-2f_S$〔Hz〕   3 $B≒2(\Delta f+f_C)$〔Hz〕

4 $B≒2(\Delta f-f_S)$〔Hz〕   5 $B≒2(\Delta f+f_S)$〔Hz〕

A-10 次の記述は、図に示す整流電源回路の基本的な構成例について述べたものである。□□□内に入れるべき字句の正しい組合せを下の番号から選べ。

(1) 交流電源から必要な大きさの交流電圧を作るのは、□A□である。

(2) 交流電圧（電流）から一方向の電圧（電流）を作るのは、□B□である。

(3) 整流された大き
さが変化する電圧
（電流）を完全な
直流電圧（電流）
に近づけるのは、
□C□である。

T:変圧器　D:ダイオード　L:チョークコイル
C:コンデンサ

	A	B	C		A	B	C
1	T	D	LとC	2	T	LとC	D
3	D	LとC	T	4	D	T	LとC
5	LとC	D	T				

A-11 次の記述は、船舶用パルスレーダーの受信部に用いられる回路について述べたものである。□□□内に入れるべき字句の正しい組合せを下の番号から選べ。

(1) 雨や雪からの反射の影響を小さくするために用いられるのは、□A□回路である。

(2) 海上が荒れていて近距離の海面からの反射波が強いとき、その影響を小さくするために用いられるのは、□B□回路である。

(3) 大きな物標から連続した強い反射波があるとき、それに重なった微弱な信号が失わ

答　A-8：3　　A-9：5　　A-10：1

れることがある。これを防ぐために、□C□回路により、中間周波増幅器の利得を制御する。

	A	B	C		A	B	C
1	STC	IAGC	FTC	2	FTC	STC	IAGC
3	IAGC	FTC	STC	4	IAGC	STC	FTC
5	FTC	IAGC	STC				

A-12 次の記述は、指示電気計器（電流計）の目盛板に、図に示す記号等が表示されている計器について述べたものである。□□□内に入れるべき字句の正しい組合せを下の番号から選べ。

(1) 用途は、□A□用である。

(2) 動作原理は、□B□である。

(3) 目盛板を□C□にして、使用する計器である。

	A	B	C
1	交流	可動鉄片形	水平
2	交流	永久磁石可動コイル形	水平
3	交流	可動鉄片形	垂直
4	直流	永久磁石可動コイル形	水平
5	直流	可動鉄片形	垂直

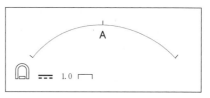

A-13 次の記述は、アンテナと給電線の接続について述べたものである。このうち誤っているものを下の番号から選べ。ただし、送信機と給電線は、整合しているものとする。

1 アンテナと給電線のインピーダンス整合がとれているとき、アンテナの入力インピーダンスと給電線の特性インピーダンスは、等しい。

2 アンテナと給電線のインピーダンス整合がとれているとき、給電線には定在波が生じない。

3 アンテナと給電線のインピーダンス整合がとれているとき、給電線の電圧定在波比（VSWR）の値は、0（零）である。

4 アンテナと給電線のインピーダンス整合がとれているとき、給電線からアンテナへ供給される電力が最大になる。

5 アンテナと給電線のインピーダンス整合がとれているとき、給電線には反射波が生じない。

□答□　A-11：2　　A-12：4　　A-13：3

B-1 次の記述は、低軌道衛星を利用した衛星非常用位置指示無線標識（衛星 EPIRB）について述べたものである。□□□内に入れるべき字句を下の番号から選べ。

(1) 衛星 EPIRB は、極軌道周回衛星の □ア□ 衛星を用いた遭難救助用の無線標識である。

(2) 衛星 EPIRB は、衛星向けの □イ□ 〔MHz〕帯及び航空機がホーミングするための 121.5〔MHz〕の電波を送信する。

(3) 衛星 EPIRB の位置は、衛星で受信した衛星 EPIRB の電波の □ウ□ の情報等から求めることができる。

(4) フロート・フリー型の衛星 EPIRB は、船舶が沈没したときには □エ□ によって自動的に離脱し浮上する。

(5) 衛星によるカバー範囲は、□オ□ である。

1	放送	2	406	3	振幅	4	水圧
5	赤道の周囲	6	コスパス・サーサット	7	9,000	8	ドプラ偏移
9	水温	10	地球全域				

B-2 次の記述は、原理的な構造の円形パラボラアンテナについて述べたものである。□□□内に入れるべき字句を下の番号から選べ。

(1) 反射器の形は、回転 □ア□ である。

(2) 一次放射器は、反射器の □イ□ に置かれる。

(3) 反射器で反射された電波は、ほぼ □ウ□ となって空間に放射される。

(4) 波長に比べて開口面の直径が □エ□ なるほど、利得は大きくなる。

(5) 一般に、□オ□ の周波数で多く用いられる。

1	放物面	2	焦点	3	球面波	4	小さく	5	短波(HF)帯
6	楕円面	7	表面の中央	8	平面波	9	大きく	10	マイクロ波(SHF)帯

B-3 次の記述は、デジタル変調について述べたものである。このうち正しいものを1、誤っているものを2として解答せよ。

ア ASK は、入力信号によって、搬送波の振幅と周波数が変化する方式をいう。

イ FSK は、入力信号によって、搬送波の周波数が変化する方式をいう。

ウ PSK は、入力信号によって、搬送波の位相が変化する方式をいう。

エ QAM は、入力信号によって、搬送波の振幅と周波数が変化する方式をいう。

オ BPSK は、PSK のうち、位相が4種類変化する方式をいう。

答	B-1：ア-6　イ-2　ウ-8　エ-4　オ-10
	B-2：ア-1　イ-2　ウ-8　エ-9　オ-10
	B-3：ア-2　イ-1　ウ-1　エ-2　オ-2

B − 4　次の記述は、超短波（VHF）帯の電波の海上伝搬等について述べたものである。＿＿＿内に入れるべき字句を下の番号から選べ。なお、同じ記号の＿＿＿内には同じ字句が入るものとする。

(1)　見通し距離内では、受信波は、＿ア＿と海面からの反射波とが合成されたものである。

(2)　(1)のため、＿ア＿と海面からの反射波が＿イ＿で合成されると、受信点の電界強度は、弱められる。

(3)　標準大気中では、幾何学的見通し距離よりも遠方まで伝搬＿ウ＿。

(4)　障害物の裏側に回り込む電波は、＿エ＿という。

(5)　夏季に電離層に＿オ＿が突発的に発生すると、電波は見通し距離の外まで伝搬することがある。

1	F層からの反射波	2	逆相	3	する	4	回折波
5	スポラジックE層（E$_S$層）	6	直接波	7	同相	8	しない
9	定在波	10	D層				

B − 5　次は、論理回路（図記号）とそのタイミングチャートの組合せを示したものである。このうち正しいものを1、誤っているものを2として解答せよ。ただし、正論理とし、A及びBを入力、Xを出力とする。

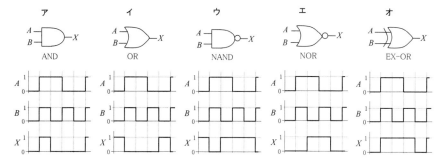

ア AND　　イ OR　　ウ NAND　　エ NOR　　オ EX-OR

▶解答の指針

A-1

点電荷 Q〔C〕が距離 r〔m〕離れた点につくる電界強度 E は、誘電率 ε〔F/m〕として次式となる。

$$E = Q/(4\pi\varepsilon r^2) \ \text{〔V/m〕}$$

(1)　点 P での点電荷 Q による点 S での電界強度 E_S は、距離が3倍であるから上式より E の1/9倍すなわち $\underline{E/9}$〔V/m〕となる。

(2)　点 P での点電荷を $9Q$ とした場合、点 S での電界強度 E_S は、(1)の9倍、すなわち $\underline{E}$〔V/m〕である。

A-2

FET の図記号から N チャネル形で<u>ソース接地</u>の増幅回路であって<u>ゲート–ソース</u>間に信号を入力してドレーン電流を制御する。

A-3

(1)　共振状態であり、$X_L = X_C = 1$〔kΩ〕であるから、X_L に流れる電流 I_L は、$I_L = V/X_L = 20/(1\times10^3) = \underline{20}$〔mA〕である。

(2)　交流電源 V から流れる電流 I_0 は、共振状態であるから、$I_0 = V/R = 20/(10\times10^3) = \underline{2}$〔mA〕である。

(3)　V と I_0 の位相差は、共振状態であるから、$\underline{0}$〔rad〕である。

A-4

周波数弁別器の記述は **3** であり、他は次の回路の記述である。

1　トーン発振器（SSB 受信機）　　　　2　スピーチクラリファイア（SSB 受信機）

4　リミッタ（FM 受信機）　　　　　　5　スケルチ（FM 受信機）

A-6

平衡変調器（リング変調器）は、搬送波と変調信号との積を作り、搬送波を除去して上側波（$f_C + f_S$）と下側波（$f_C - f_S$）のみを出力するので、帯域フィルタ（BPF）でその一方のみを通過させて SSB（J3E）信号を取り出す。したがって、**4** の記述が正しい。

A-7

(1)　周波数混合器の出力周波数は、<u>中間周波数</u>といわれる。

(2)　希望波を安定的に増幅しやすいように、一般に<u>中間周波数は受信周波数より低い</u>周波数が選ばれる。

(3)　<u>検波器</u>は振幅変調された信号から音声信号を取り出す。

A－8
(1)　搬送波が抑圧され一方の側帯波のみ送信されるので送信電力が小さくてすむ。
(2)　占有周波数帯幅は約1/2である。
(3)　占有周波数帯幅が狭いので選択性フェージングの影響が小さい。

A－9
　占有周波数帯幅 B は、最大周波数偏移を Δf〔Hz〕、最高変調周波数を f_S〔Hz〕として、次の近似式で与えられる。
$$B \fallingdotseq 2(\Delta f + f_S)〔\mathrm{Hz}〕$$

A－11
(1)　FTC は、雨雪反射制御回路とも呼ばれ、雨雪などによる物標からの反射波への影響を小さくするための回路である。
(2)　STC は、海面反射制御回路とも呼ばれ、海上が荒れているとき近距離からの強い反射波による影響を軽減するため、近距離の物標からの反射波に対して、より深い増幅器のバイアス電圧を加えて受信機の感度を低くする回路である。
(3)　IAGC は、受信機の瞬間自動利得調節機能のことであり、強い海面からの強い反射波に重なった微弱な信号を検出するため、瞬時に中間周波増幅器の利得を制御する。

A－12
　この電流計は、図記号から永久磁石可動コイル形であり、静磁界と電流が流れるコイルとの力を利用するので直流用である。（図記号の右側の測定できる回路の種類を表す記号は直流回路用を示している。）数字は精度階級指数を表す。階級1.0級で許容誤差が1.0％以内を示している。また、その右の台状の記号は取付姿勢を示し、機械的にデリケートであるから重力の方向を考え水平にして使用する。

A－13
3　アンテナと給電線のインピーダンス整合がとれているとき、給電線には定在波がないため、電圧定在波比（VSWR）は1である。

B－1
　衛星 EPIRB は、極軌道をもつコスパス・サーサット衛星を用いた遭難救助用フロートフリー型のブイであり、そのカバー範囲は地球全域である。船舶沈没時に水圧で離脱、浮上して自動的に信号を発射する。その際のブイからの406〔MHz〕の電波は、50〔s〕の繰り返し周期で送信され、その中にドップラ周波数計測用の無変調信号及び各種の識別データ信号を含んでいる。衛星の受信電波のドプラ偏移の情報などから送信点を決定し、地球局に通報する。送信の始動と停止は手動でもできる。捜索救助を行う航空機は、同時

にブイから発射される 121.5〔MHz〕のホーミング電波を受信し、EPIRB の方位を決定する。

B - 2

(1)　反射器の形は、回転放物面である。

(2)　一次放射器は、反射器の焦点に置く。

(3)　反射面で反射された電波は、ほぼ平面波となって空間に放射される。

(4)　波長に比べて開口面の直径が大きくなるほど、開口面積が大きくなり、それに比例して利得も大きくなる。

(5)　一般に、マイクロ波（SHF）帯の周波数で多用される。

B - 3

ア　ASK は、入力信号によって、搬送波の振幅が変化する方式をいう。

エ　QAM は、入力信号によって、搬送波の振幅と位相が変化する方式をいう。

オ　BPSK は、PSK のうち、位相が 2 種類変化する方式をいう。

B - 4

(1)　見通し距離内の伝搬において受信波は直接波と海面反射波との合成波となる。

(2)　(1)では、直接波と海面反射波が逆相で合成されると受信電界は弱められる。

(3)　標準大気中では、屈折率が高度とともに減少するので電波通路が上に凸になり、幾何学的見通し距離よりも遠方まで伝搬する。

(4)　障害物の裏側に回り込む電波は、回折波という。

(5)　夏季、電離層にスポラジック E 層（Es 層）が発生すると電波は遠方まで伝搬することがある。

B - 5

誤った組合せはイ、エ及びオである。それらに対応した正しいタイミングチャートは以下のとおり。

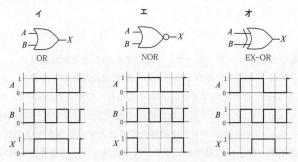

A-1 次の表は、電気磁気量とその国際単位 (SI) 記号を示したものである。 内に入れるべき字句の正しい組合せを下の番号から選べ。

電気磁気量	磁界の強さ	磁束密度	仕事
単位記号	A	B	C

	A	B	C
1	〔A/m〕	〔T〕	〔W〕
2	〔A/m〕	〔Wb〕	〔J〕
3	〔A/m〕	〔T〕	〔J〕
4	〔H〕	〔Wb〕	〔J〕
5	〔H〕	〔T〕	〔W〕

A-2 次の記述は、半導体について述べたものである。このうち誤っているものを下の番号から選べ。

1 半導体には、単体の元素として、シリコン(Si)やゲルマニウム(Ge)がある。

2 真性半導体では自由電子と正孔の濃度は、異なっている。

3 N形半導体の多数キャリアは、電子である。

4 P形半導体を作るために真性半導体に入れる不純物を、アクセプタという。

5 半導体は、温度 (常温付近) が上昇すると、抵抗率が小さくなる。

A-3 図に示す交流回路において、負荷の有効電力 (消費電力) P が 280 〔W〕、負荷の力率 $\cos\theta$ が0.8であるとき、電源から流れる電流 I の値として、正しいものを下の番号から選べ。ただし、電源の電圧 V の値を 100 〔V〕とする。

1 5.0〔A〕

2 4.5〔A〕

3 4.0〔A〕

4 3.5〔A〕

5 2.5〔A〕

答 A-1：**3** A-2：**2** A-3：**4**

A－4　次の記述は、増幅回路 AP の電圧利得について述べたものである。□□□内に入れるべき字句の正しい組合せを下の番号から選べ。

(1) 図に示す増幅回路 AP の電圧利得 G は、$G =$ ☐A☐ $\times \log_{10}($ ☐B☐ $)$〔dB〕で表される。

(2) したがって、電圧利得 G が、20〔dB〕の増幅回路 AP の電圧増幅度は、☐C☐ である。

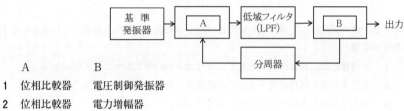

V_i：入力電圧〔V〕　　V_o：出力電圧〔V〕

	A	B	C
1	10	V_i / V_o	100
2	10	V_o / V_i	100
3	20	V_o / V_i	100
4	20	V_i / V_o	10
5	20	V_o / V_i	10

A－5　図は、位相同期ループ（PLL）を利用した発振回路の原理的な構成例を示したものである。□□□内に入れるべき字句の正しい組合せを下の番号から選べ。

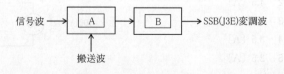

	A	B
1	位相比較器	電圧制御発振器
2	位相比較器	電力増幅器
3	励振増幅器	電圧制御発振器
4	励振増幅器	電力増幅器
5	平衡変調器	電圧制御発振器

A－6　図は、SSB（J3E）送信機の原理的な構成の一部を示したものである。□□□内に入れるべき字句の正しい組合せを下の番号から選べ。ただし、SSB 変調波は、上側波帯を用いるものとする。

信号波 → ☐A☐ → ☐B☐ → SSB(J3E)変調波

搬送波

☐答☐　A－4：5　　A－5：1

	A	B
1	位相変調器	低域フィルタ（LPF）
2	平衡変調器	低域フィルタ（LPF）
3	周波数変調器	帯域フィルタ（BPF）
4	平衡変調器	帯域フィルタ（BPF）
5	位相変調器	帯域フィルタ（BPF）

A－7　次の記述は、FM（F3E）受信機について述べたものである。□内に入れるべき字句の正しい組合せを下の番号から選べ。

(1) リミタ機能を用いて、雑音やフェージングなどによる　A　の変動分を取り除いている。

(2) 周波数弁別器は、FM波から　B　を取り出す。

(3) 受信信号が無いか、弱いときに生ずる大きな雑音を抑圧するため、　C　回路がある。

	A	B	C
1	振幅	音声信号	プレエンファシス
2	振幅	中間周波信号	プレエンファシス
3	振幅	音声信号	スケルチ
4	周波数	中間周波信号	プレエンファシス
5	周波数	音声信号	スケルチ

A－8　次の記述は、受信機の性能について述べたものである。□内に入れるべき字句の正しい組合せを下の番号から選べ。

(1) 受信した信号波を受信機の出力側で、どれだけ正確に元の信号波に再現できるかを表す能力を、　A　という。

(2) 周波数の異なる数多くの電波の中から、目的とする電波だけを選び出すことができるかを表す能力を、　B　という。

(3) どの程度まで弱い電波を受信することができるかを表す能力を、　C　という。

	A	B	C			A	B	C
1	忠実度	選択度	感度		2	忠実度	感度	安定度
3	忠実度	選択度	安定度		4	安定度	感度	忠実度
5	安定度	選択度	感度					

答　A－6：4　　A－7：3　　A－8：1

A-9 次の記述は、DSB（A3E）通信方式と比べたときのSSB（J3E）通信方式の一般的な特徴について述べたものである。このうち誤っているものを下の番号から選べ。

1 占有周波数帯幅は、ほぼ1/2である。

2 選択性フェージングの影響が大きい。

3 装置の構成が複雑である。

4 高い周波数安定度が要求される。

5 送信電力が小さくてすむ。

A-10 次の記述は、図に示す原理的な定電圧電源回路について述べたものである。□□内に入れるべき字句の正しい組合せを下の番号から選べ。ただし、Dz に流れる電流 I_Z は常に流れていて、回路は理想的に動作しているものとする。

(1) Dz は、□ A □ダイオードである。

(2) Dz に流れる電流 I_Z は、X に流れる電流 I_X が増加すると、□ B □する。

(3) 端子 ab 間の電圧 V_L は、X に流れる電流 I_X が□ C □。

D：ダイオード　C：静電容量〔F〕
R：抵抗〔Ω〕　X：負荷〔Ω〕

	A	B	C
1	トンネル	増加	増加すると、減少する
2	トンネル	減少	増加しても、一定である
3	ツェナー	増加	増加すると、減少する
4	ツェナー	増加	増加しても、一定である
5	ツェナー	減少	増加しても、一定である

A-11 次の記述は、一般的な船舶用レーダーについて述べたものである。このうち正しいものを下の番号から選べ。

1 超短波（VHF）帯の周波数が用いられる。

2 STC は、雨や雪からの反射の影響を小さくするために用いられる。

3 FTC は、受信機の利得を自動的に調整して、強い反射波に重なった微弱な信号を検出するために用いられる。

4 IAGC は、海面からの反射波が強いときにその影響を小さくするために用いられる。

5 アンテナのサイドローブにより偽像が発生することがある。

答　A-9：2　　A-10：5　　A-11：5

A-12　次の記述は、アンテナと給電線の接続について述べたものである。　内に入れるべき字句の正しい組合せを下の番号から選べ。

(1)　アンテナの入力インピーダンスと給電線の　A　を整合させて接続する。

(2)　インピーダンス整合がとれていないとき、給電線に定在波が　B　。

(3)　ダイポールアンテナのような平衡形のアンテナと不平衡形の同軸給電線を接続するための変換器として、　C　が用いられる。

	A	B	C
1	特性インピーダンス	生じる	バラン
2	特性インピーダンス	生じない	サーキュレータ
3	特性インピーダンス	生じる	サーキュレータ
4	損失抵抗	生じる	バラン
5	損失抵抗	生じない	サーキュレータ

A-13　次に示す電流計（指示電気計器）のうち、高周波電流の測定に最も適しているものを下の番号から選べ。

1　誘導形の電流計

2　熱電対形の電流計

3　永久磁石可動コイル形の電流計

4　可動鉄片形の電流計

5　空心電流力計形の電流計

B-1　次の記述は、GPS（Global Positioning System）について述べたものである。　内に入れるべき字句を下の番号から選べ。

(1)　GPS衛星は、高度が約　ア　の六つの円軌道上に配置されている。

(2)　GPS衛星は、軌道上を約　イ　周期で周回している。

(3)　測位に使用している周波数は　ウ　帯である。

(4)　測位のためには、GPS受信機内部の時計の時間誤差の補正を含め、通常　エ　個の衛星からの電波を受信する必要がある。

(5)　GPS衛星からの信号に含まれている　オ　情報と、それぞれの衛星の軌道情報から受信点の位置を測定することができる。

1	20,000〔km〕	2	24時間	3	超短波（VHF）	4	4	5	時刻
6	36,000〔km〕	7	12時間	8	極超短波（UHF）	9	2	10	姿勢

答　A-12：1　　A-13：2

B-1：ア-1　イ-7　ウ-8　エ-4　オ-5

B－2　次の記述は、AM（A3E）通信方式と比べたときのFM（F3E）通信方式の一般的な特徴について述べたものである。このうち正しいものを1、誤っているものを2として解答せよ。

ア　パルス性雑音の影響を受けにくい。

イ　主に中波（MF）帯及び短波（HF）帯で用いられる。

ウ　同一周波数の妨害波があっても、希望波が妨害波よりある程度強ければ妨害波を抑圧して通信ができる。

エ　受信電波の強度があるレベル以下になると、受信機出力の信号対雑音比（S/N）が急激に悪くなる。

オ　占有周波数帯幅が狭い。

B－3　次の記述は、図に示す原理的な構造の円形パラボラアンテナについて述べたものである。◯◯内に入れるべき字句を下の番号から選べ。

(1)　反射器の形は、回転 ア である。

(2)　一次放射器は、反射器の イ に置かれる。

(3)　反射器で反射された電波は、ほぼ ウ となって空間に放射される。

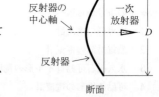

断面

(4)　波長に比べて開口面の直径 D が大きくなるほど、利得は エ なる。

(5)　一般に、 オ の周波数で多く用いられる。

1　放物面	2　焦点	3　球面波	4　大きく	5　短波（HF）帯
6　楕円面	7　表面の中央	8　平面波	9　小さく	10　マイクロ波（SHF）帯

B－4　次の記述は、電離層について述べたものである。◯◯内に入れるべき字句を下の番号から選べ。

(1)　D層は、昼間に現れ、夜間 ア 。

(2)　E層における第一種減衰は、 イ 。

(3)　F層は、D、E層に比べると電子密度が ウ 。

(4)　スポラジックE層（Es層）は、 エ 現れ、電子密度は周囲より高い。

(5)　第二種減衰は、電波が オ とき受ける減衰である。

　答　　B－2：ア－1　イ－2　ウ－1　エ－1　オ－2

　　　　B－3：ア－1　イ－2　ウ－8　エ－4　オ－10

1	も消滅しない	2	昼間に大きく、夜間に小さい	3	低い

4	D層の下に	5	電離層を突き抜ける	6	は消滅する

7	昼間に小さく、夜間に大きい	8	高い

9	E層とほぼ同じ高さに	10	電離層で反射する

B－5　次は、論理回路の名称と真理値表の組合せを示したものである。このうち正しいものを1、誤っているものを2として解答せよ。ただし、正論理とし、A 及び B を入力、X を出力とする。

ア　AND回路

A	B	X
0	0	1
0	1	0
1	0	0
1	1	1

イ　OR回路

A	B	X
0	0	0
0	1	1
1	0	1
1	1	1

ウ　NAND回路

A	B	X
0	0	0
0	1	1
1	0	1
1	1	0

エ　NOR回路

A	B	X
0	0	1
0	1	0
1	0	0
1	1	0

オ　NOT回路

A	X
0	1
1	0

答　B－4：ア－6　イ－2　ウ－8　エ－9　オ－10
　　B－5：ア－2　イ－1　ウ－2　エ－1　オ－1

▶解答の指針

A-2

2　真性半導体では自由電子と正孔の濃度は、**等しい**。

A-3

　交流回路の有効電力（消費電力）Pは、V〔V〕、I〔A〕及び力率 $\cos\theta$ を用いて次式で表される。

$$P = VI\cos\theta \;〔\mathrm{W}〕$$

したがって、I は次式で求められる。

$$I = \frac{P}{V\cos\theta} = \frac{280}{100\times0.8} = 3.5 \;〔\mathrm{A}〕$$

A-4

(1)　図に示す増幅回路 AP の電圧利得 G は、次式で表される。

$$G = \underline{20}\log_{10}(V_\mathrm{o}/V_\mathrm{i}) \;〔\mathrm{dB}〕$$

(2)　$G = 20$〔dB〕であるから、電圧増幅度は、$V_\mathrm{o}/V_\mathrm{i} = 10^{(20/20)} = \underline{10}$ である。

A-6

　　A　は搬送波と信号波から両側波成分を作る<u>平衡変調器</u>、　B　はそのうちの一つの側波帯のみを抽出するための<u>帯域フィルタ（BPF）</u>である。

A-7

(1)　リミタ機能を用いて、雑音やフェージングなどによる振幅の<u>変動分を取り除いて</u>いる。

(2)　周波数弁別器は、FM 波から<u>音声信号</u>を取り出す。

(3)　受信信号が無いか、弱いときに生ずる大きな雑音を抑圧するため、<u>スケルチ</u>回路がある。

A-9

2　選択性フェージングの影響が**小さい**。

A-10

(1)　Dz は、<u>ツェナー</u>ダイオード（定電圧ダイオード）である。

(2)　Dz に流れる電流 I_Z は、X に流れる電流 I_X が増加すると、<u>減少する</u>。

(3)　端子 ab 間の電圧 V_L は、X に流れる電流 I_X が<u>増加しても、一定である</u>。

A－11

正しい記述は、**5** であり、他の記述の修正は、以下のとおり。

1　**マイクロ波（SHF）帯**の周波数が用いられる。

2　STC は、**海面からの反射波が強いときその影響を小さくする**ために用いられる。

3　FTC は、**雨や雪からの反射の影響を小さくする**ために用いられる。

4　IAGC は、**受信機の利得を自動的に調整して、強い反射波に重なった微弱な信号を検出する**ために用いられる。

B－1

⑴　GPS 衛星は、高度が約 20,000〔km〕の六つの円軌道上に配置されている。

⑵　GPS 衛星は、軌道上を約12時間周期で周回している。

⑶　測位に使用している周波数は、1.2 と 1.5〔GHz〕帯の極超短波（UHF）帯である。

⑷　測位のためには、GPS 受信機内部の時計の時間誤差の補正のための1個を含め、通常、4個の衛星からの電波を受信して測位する必要がある。

⑸　GPS 衛星からの信号に含まれている時刻情報と、それぞれの衛星の軌道情報から受信点の位置を測定することができる。

B－2

イ　主に超短波（VHF）帯及び極超短波（UHF）帯の周波数帯で多く用いられる。

オ　占有周波数帯幅が広い。

B－3

⑴　反射器の形は、回転放物面である。

⑵　一次放射器は、反射器の焦点に置かれる。

⑶　反射器で反射された電波は、ほぼ平面波となって空間に放射される。

⑷　波長に比べて開口面の直径 D が大きくなるほど、開口面積が大きくなり、それに比例して利得は大きくなる。

⑸　一般に、マイクロ波（SHF）帯の周波数で多く用いられる。

B－5

誤っているのは、**ア及びウ**であり、正しくは以下のとおり。

ア　AND 回路　$X = A \cdot B$　　**ウ**　NAND 回路　$X = \overline{A \cdot B}$

A	B	X
0	0	0
0	1	0
1	0	0
1	1	1

A	B	X
0	0	1
0	1	1
1	0	1
1	1	0

A－1　次の記述は、図に示すように、2本の平行に置かれた無限長の直線導線 X 及び Y に、直流電流を流したときに生ずる磁界について述べたものである。◻◻◻内に入れるべき字句の正しい組合せを下の番号から選べ。ただし、X 及び Y は紙面上に置かれ、X に流す電流を I_X〔A〕、Y に流す電流を I_Y〔A〕とし、その大きさは $I_X = I_Y$ とする。また、電流の方向は図の矢印のとおりとし、I_X のみによって点 P に生じる磁界の強さの大きさを H〔A/m〕とする。

(1)　I_X のみにより、点 P に生ずる磁界の方向は、紙面の ◻A◻ 方向である。

(2)　I_Y のみにより、点 P に生ずる磁界の方向は、I_X のみによる方向と ◻B◻ 方向である。

(3)　したがって、I_X 及び I_Y の両者によって、点 P に生ずる磁界の強さの大きさは ◻C◻〔A/m〕になる。

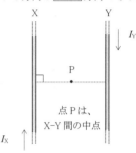

点 P は、
X-Y 間の中点

	A	B	C
1	表から裏の	逆の	$2H$
2	表から裏の	同じ	$2H$
3	表から裏の	逆の	0
4	裏から表の	逆の	0
5	裏から表の	同じ	$2H$

A－2　次の記述は、図に示す PN 接合ダイオードについて述べたものである。◻◻◻内に入れるべき字句の正しい組合せを下の番号から選べ。

(1)　P 形半導体を作るために真性半導体に加える不純物を ◻A◻ という。

(2)　P 形半導体の多数キャリアは ◻B◻ である。

(3)　図の ◻C◻ の電圧を加えると、電流がよく流れる。

P:P 形半導体
N:N 形半導体
PN 接合ダイオード

	A	B	C
1	アクセプタ	正孔（ホール）	電極 a に正（＋）、電極 b に負（－）
2	アクセプタ	電子	電極 a に正（＋）、電極 b に負（－）
3	アクセプタ	正孔（ホール）	電極 a に負（－）、電極 b に正（＋）
4	ドナー	正孔（ホール）	電極 a に負（－）、電極 b に正（＋）
5	ドナー	電子	電極 a に正（＋）、電極 b に負（－）

◻答◻　A－1：**2**　　A－2：**1**

A - 3　次の式は、正弦波交流電圧の瞬時値 v を表す式である。この正弦波交流電圧の実効値 V 及び周波数 f の値の組合せとして、正しいものを下の番号から選べ。ただし、時間を t〔s〕とする。

$$v = 200\sqrt{2}\,\sin(120\pi t)\ \text{〔V〕}$$

	V		f	
1	$100\sqrt{2}$	〔V〕	60	〔Hz〕
2	200	〔V〕	120	〔Hz〕
3	200	〔V〕	60	〔Hz〕
4	$200\sqrt{2}$	〔V〕	120	〔Hz〕
5	$200\sqrt{2}$	〔V〕	60	〔Hz〕

A - 4　次の記述は、増幅回路に負帰還をかけたときの特徴について述べたものである。□□□内に入れるべき字句の正しい組合せを下の番号から選べ。

(1) 利得は、負帰還をかけないときより ┌─A─┐ なる。

(2) 利得は、負帰還をかけないときより ┌─B─┐。

(3) ひずみや雑音は、負帰還をかけないときより ┌─C─┐ なる。

	A	B	C
1	小さく	安定する	少なく
2	小さく	不安定となる	多く
3	小さく	安定する	多く
4	大きく	不安定となる	多く
5	大きく	安定する	少なく

A - 5　次の記述は、図に示す DSB（A3E）送信機の構成例について述べたものである。□□□内に入れるべき字句の正しい組合せを下の番号から選べ。なお、同じ記号の□□□内には、同じ字句が入るものとする。

(1) ┌─A─┐増幅器は、これ以降に設けられた増幅器等の発振器への影響を軽減する役割がある。

(2) 励振増幅器は、終段の電力増幅器を励振するのに必要な出力を得る増幅器で一般に ┌─B─┐増幅が用いられる。

(3) ┌─C─┐増幅器は、電力増幅器で必要な変調度が得られるように音声信号（低周波）を増幅する。

┌答┐　A - 3 : **3**　　A - 4 : **1**

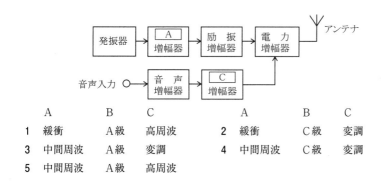

	A	B	C		A	B	C
1	緩衝	A級	高周波	2	緩衝	C級	変調
3	中間周波	A級	変調	4	中間周波	C級	変調
5	中間周波	A級	高周波

A－6　FM（F3E）送信機で用いられない回路を下の番号から選べ。

1　IDC 回路　　　　　　　2　発振回路　　　　　　3　電力増幅回路

4　プレエンファシス回路　　5　周波数弁別回路

A－7　図は、SSB（J3E）受信機の原理的構成例を示したものである。□□□内に入れるべき字句の正しい組合せを下の番号から選べ。

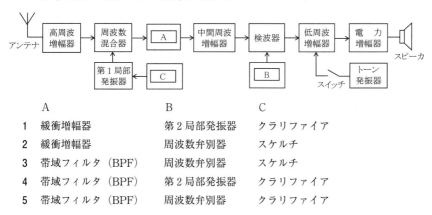

	A	B	C
1	緩衝増幅器	第2局部発振器	クラリファイア
2	緩衝増幅器	周波数弁別器	スケルチ
3	帯域フィルタ（BPF）	周波数弁別器	スケルチ
4	帯域フィルタ（BPF）	第2局部発振器	クラリファイア
5	帯域フィルタ（BPF）	周波数弁別器	クラリファイア

A－8　次の記述は、FM（F3E）受信機のスケルチ回路について述べたものである。このうち、正しいものを下の番号から選べ。

1　送信機と受信機の周波数の同期をとるための回路である。

2　復調された音声信号の明りょう度を上げるための回路である。

答　A－5：2　　A－6：5　　A－7：4

3 フェージングなどによる振幅変調成分を取り除くための回路である。

4 入力信号の周波数変化から音声信号を取り出すための回路である。

5 受信電波がないとき、又は極めて弱いときに生ずる雑音を抑圧するための回路である。

A-9 次の記述は、無線局の混信を防止するための一般的な方法について述べたものである。このうち誤っているものを下の番号から選べ。

1 業務遂行上、必要最小限の空中線電力で運用する。

2 無線設備を設置するときは、不要な電波の発射や受信がないように設置する場所や位置を決める。

3 2地点間の固定通信の場合、全方向性アンテナを使用する。

4 必要により、アンテナ系にフィルタやトラップを挿入する。

5 受信機の中間周波増幅器には、良好な通過帯域幅及び遮断特性を持った帯域フィルタ（BPF）を用いる。

A-10 次の記述は、電池について述べたものである。□□内に入れるべき字句の正しい組合せを下の番号から選べ。なお、同じ記号の□□内には同じ字句が入るものとする。

(1) 繰り返し充電したり、放電したりすることができる電池を □A□ という。

(2) □A□ の一つである鉛蓄電池の電解液は □B□ が用いられる。

(3) 鉛蓄電池の電解液の比重は、放電が進むと □C□ くる。

	A	B	C		A	B	C
1	一次電池	希硫酸	下がって	2	一次電池	希塩酸	上がって
3	二次電池	希硫酸	上がって	4	二次電池	希硫酸	下がって
5	二次電池	希塩酸	上がって				

A-11 次の記述は、衛星非常用位置指示無線標識（衛星 EPIRB）について述べたものである。□□内に入れるべき字句の正しい組合せを下の番号から選べ。

(1) 衛星 EPIRB は、□A□ 衛星を利用した無線標識である。

(2) 衛星 EPIRB は、衛星向けの □B□ 帯及び航空機がホーミングするための 121.5〔MHz〕の電波を送信する。

(3) 衛星 EPIRB から送信される衛星向けの □C□ によって、遭難船舶を特定することができる。

答 A-8：5 A-9：3 A-10：4

	A	B	C
1	コスパス・サーサット	406〔MHz〕	識別信号
2	コスパス・サーサット	1.5〔GHz〕	音声信号
3	コスパス・サーサット	406〔MHz〕	音声信号
4	インテルサット	406〔MHz〕	音声信号
5	インテルサット	1.5〔GHz〕	識別信号

A-12 次の記述は、図に示す小電力用の同軸給電線について述べたものである。このうち誤っているものを下の番号から選べ。

1 特性インピーダンスは、50〔Ω〕や75〔Ω〕のものが多い。

2 一般に外部導体を接地して用いる。

3 周波数がマイクロ波（SHF）のように高くなると、内部導体の表皮効果により損失が大きくなる。

4 図に示す「ア」の部分は、磁性体である。

5 不平衡形の給電線である。

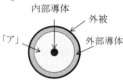

断面

A-13 次の記述は、外形が図に示すようなアナログ式の回路計（テスタ）について述べたものである。□□□内に入れるべき字句の正しい組合せを下の番号から選べ。

(1) 指示計器としては、□A□計器が使われる。

(2) 通常、測定ができるのは、直流電圧、直流電流、抵抗及び□B□である。

(3) 抵抗測定の時の零（0）オーム調整は、テストリードの先端を□C□させて行う。

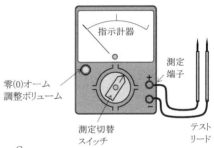

	A	B	C
1	可動鉄片形	交流電圧	短絡
2	可動鉄片形	周波数	開放
3	永久磁石可動コイル形	交流電圧	短絡
4	永久磁石可動コイル形	周波数	開放
5	永久磁石可動コイル形	周波数	短絡

答 A-11：**1**　　A-12：**4**　　A-13：**3**

B-1 次の記述は、図に示す理想的な演算増幅器（オペアンプ）A_{OP} について述べたものである。このうち正しいものを1、誤っているものを2として解答せよ。

ア　入力端子1は、反転入力端子である。

イ　入力インピーダンスは、零（0）である。

ウ　入力端子2から演算増幅器（A_{OP}）には電流が流れない。

エ　電圧増幅度は、無限大（∞）である。

オ　出力インピーダンスは、無限大（∞）である。

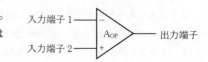

B-2 次の記述は、図に示すアンテナを用いた船舶用レーダーについて述べたものである。____内に入れるべき字句を下の番号から選べ。

(1) 一般に、__ア__帯の電波が用いられている。

(2) 回転部には__イ__アンテナが装着されている。

(3) 一般に、アンテナへの給電線として、__ウ__が用いられる。

(4) 水平面内指向性は、垂直面内指向性に比べて__エ__。

(5) 最大放射方向は、矢印 X、Y 及び Z のうち__オ__の方向である。

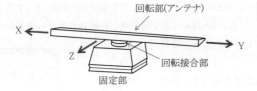

1	超短波（VHF）	2	スロットアレー	3	平行二線式給電線	4	鋭い
5	矢印 X 及び Y	6	マイクロ波（SHF）	7	ホーン	8	導波管
9	鋭くない	10	矢印 Z				

B-3 次の記述は、デジタル変調について述べたものである。____内に入れるべき字句を下の番号から選べ。なお、同じ記号の____内には、同じ字句が入るものとする。

(1) ASK は、入力信号によって、搬送波の__ア__が変化する方式をいう。

(2) FSK は、入力信号によって、搬送波の__イ__が変化する方式をいう。

(3) PSK は、入力信号によって、搬送波の__ウ__が変化する方式をいう。

(4) PSK のうち、__ウ__が2種類変化するのを__エ__という。

(5) QAM は、入力信号によって、搬送波の__オ__が変化する方式をいう。

答　B-1：ア-1　イ-2　ウ-1　エ-1　オ-2

B-2：ア-6　イ-2　ウ-8　エ-4　オ-10

1	進行速度	2	周波数と位相	3	位相	4	BPSK	5	PCM
6	振幅	7	周波数	8	進行方向	9	QPSK	10	振幅と位相

B－4 次の記述は、図に示す原理的な構造のスリーブアンテナについて述べたものである。このうち正しいものを1、誤っているものを2として解答せよ。ただし、波長をλ〔m〕とする。

ア 一般に超短波（VHF）帯や極超短波（UHF）帯のアンテナとして使われる。

イ 金属の円筒などで作られているスリーブの長さlは、$\lambda/4$である。

ウ 給電線に75〔Ω〕の同軸給電線を用いる場合は、必ず整合回路が必要となる。

エ 利得は、ほぼ半波長ダイポールアンテナと同じである。

オ 水平面内の指向性は、放射素子を垂直にして使用したとき、単一指向性である。

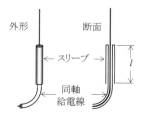

B－5 次の記述は、短波（HF）帯における電離層波の伝搬について述べたものである。このうち正しいものを1、誤っているものを2として解答せよ。

ア 臨界周波数は、周波数を変えて地上から垂直方向に電波を発射し、電離層で反射されて戻ってきた電波のうち最も低い周波数である。

イ 最高使用可能周波数（MUF）は、臨界周波数より高い周波数である。

ウ 最高使用可能周波数（MUF）は、送受信点間の距離によって変わらない。

エ 最低使用可能周波数（LUF）より低い周波数の電波は、電離層での減衰が大きく、通信に適さない。

オ 最適使用周波数（FOT）は、最高使用可能周波数（MUF）の50〔％〕の周波数をいう。

答 B－3：ア－6 イ－7 ウ－3 エ－4 オ－10
　　 B－4：ア－1 イ－1 ウ－2 エ－1 オ－2
　　 B－5：ア－2 イ－1 ウ－2 エ－1 オ－2

▶解答の指針────────────────────────────

A-3

正弦波交流電圧の瞬時値 v は次式で表される。

$$v = 200\sqrt{2}\,\sin(120\pi t)\,[\text{V}] = 200\sqrt{2}\,\sin(2\pi \times 60t)$$

したがって、正弦波交流電圧の実効値 $V = \underline{200\,[\text{V}]}$、周波数 $f = \underline{60\,[\text{Hz}]}$ となる。

A-6

5　周波数弁別回路は、FM（F3E）受信機の復調器である。

A-7

　　　A　は、周波数混合器により中間周波数に変換された側波成分を取り出すための帯域フィルタ（BPF）、　　　B　は、側波成分から検波器を介して音声信号を取り出すための第2局部発信器、　　　C　は、第1局部発信器の周波数の微調整に用いられるクラリファイアである。

A-8

スケルチ回路の記述は、5であり、他は次の回路の記述である。

1　トーン発信器（SSB受信機）

2　スピーチクラリファイア（SSB受信機）

3　リミッタ（FM受信機）

4　周波数弁別器（FM受信機）

A-9

3　2地点間の固定通信の場合、**指向性**アンテナを使用する。

A-11

衛星EPIRBは、極軌道をもつコスパス・サーサット衛星を用いた遭難救助用のブイである。衛星はブイから送信される406〔MHz〕の電波を受信し、そのドップラー偏移の情報から送信点を決定するとともに識別信号から遭難船舶を特定することができる。ブイの信号は約50秒（許容偏差5％）ごとに約0.5秒間繰り返され、送信の始動と停止は手動でもできる。捜索救助を行う航空機は、ブイからの121.5〔MHz〕のホーミング電波を受信し、衛星EPIRBの方位を決定する。

A-12

4　図に示す「ア」の部分は、**誘電体**である。

A-13

テスタは、永久磁石可動コイル形計器の一種で、直流電圧、直流電流、抵抗及び整流器を併用した<u>交流電圧</u>の測定に利用され、多目的かつ簡易さに特長がある。抵抗測定のときには、支持計器のスケール校正のためにテスタ棒の<u>短絡</u>による零オーム調整が必要である。

B-1

イ　入力インピーダンスは、**無限大（∞）**である。

オ　出力インピーダンスは、**零（0）**である。

B-2

(1)　<u>マイクロ波（SHF）</u>帯の電波が用いられている。

(2)　回転部には、<u>スロットアレーアンテナ</u>が装着されている。

(3)　アンテナへの給電線には<u>導波管</u>が用いられる。

(4)　水平面内指向性は、垂直面内指向性に比べて<u>鋭い</u>。

(5)　最大放射方向は、矢印 X、Y 及び Z のうち<u>矢印 Z</u>の方向である。

【解説】

　船舶用レーダーに用いられるスロットアレーアンテナは、TE_{10}モードで励振される方形導波管（X-Y 方向）の短辺の側面に管内波長 λ_g の1/2 の間隔で交互に角度を変えたスロットをアレー状に設けたアンテナである。隣り合う一対のスロットから放射される電波の合成電界の水平成分は同位相で加わり合い、垂直成分は逆位相となり相殺されて、結果として水平偏波を放射する。

B-3

(1)　ASK は、Amplitude Shift Keying の略で、入力信号によって、搬送波の<u>振幅</u>が変化する方式をいう。

(2)　FSK は、Frequency Shift Keying の略で、入力信号によって、搬送波の<u>周波数</u>が変化する方式をいう。

(3)　PSK は、Phase Shift Keying の略で、入力信号によって、搬送波の<u>位相</u>が変化する方式をいう。

(4)　PSK のうち、<u>位相</u>が 2 種類変化するのを<u>BPSK</u>（Binary Phase Shift Keying）という。

(5)　QAM は、Quadrature Amplitude Modulation の略で、入力信号によって、搬送波の<u>振幅と位相</u>が変化する方式をいう。

B - 4

ウ　給電線に75〔Ω〕の同軸給電線を用いる場合は、**整合回路が無くてもアンテナと給電線は、ほぼ整合する。**

オ　水平面内の指向性は、放射素子を垂直にして使用したとき、**全方向性である。**

B - 5

ア　臨界周波数は、周波数を変えて地上から垂直方向に電波を発射し、電離層で反射されて戻ってきた電波のうち最も**高い**周波数である。

ウ　最高使用可能周波数（MUF）は、送受信点間の距離によって**変わる。**

オ　最適使用周波数（FOT）は、最高使用可能周波数（MUF）の**85**〔%〕の周波数をいう。

A−1　次の記述は、図に示すように磁界 H の中に置かれた直線導線 L に直流電流 I を流したときに生じる現象について述べたものである。　内に入れるべき字句の正しい組合せを下の番号から選べ。ただし、H の方向と I の方向は互いに直角であり、I は矢印に示す方向に流れているものとする。

(1)　L は、　A　F を受ける。

(2)　H と I と F の三者の方向の関係は、フレミングの　B　の法則で示すことができる。

(3)　(2)によれば、F の方向は、図の　C　の方向になる。

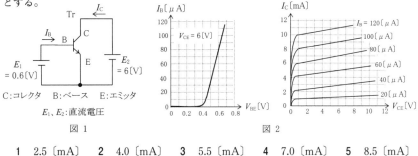

	A	B	C
1	クーロン力	左手	下方「イ」
2	クーロン力	右手	上方「ア」
3	電磁力	左手	下方「イ」
4	電磁力	右手	下方「イ」
5	電磁力	左手	上方「ア」

A−2　図1に示すトランジスタ（Tr）回路のコレクタ電流 I_C の値として、最も近いものを下の番号から選べ。ただし、トランジスタの特性は、図2に示すものとする。また、ベース電流を I_B、ベース−エミッタ間電圧を V_{BE} 及びコレクタ−エミッタ間電圧を V_{CE} とする。

C：コレクタ　B：ベース　E：エミッタ

E_1、E_2：直流電圧

図1　　　　図2

1　2.5〔mA〕　2　4.0〔mA〕　3　5.5〔mA〕　4　7.0〔mA〕　5　8.5〔mA〕

A−3　次の記述は、図に示す交流回路について述べたものである。　内に入れるべき字句の正しい組合せを下の番号から選べ。

答　A−1：5　A−2：4

(1) Lの誘導リアクタンスの大きさは、 A 〔Ω〕である。

(2) LとRの合成インピーダンスの大きさは、 B 〔Ω〕である。

(3) 回路に流れる電流Iの大きさは、 C 〔A〕である。

	A	B	C
1	$(\omega L)^2$	$\omega L + R$	$V/\sqrt{(\omega L)^2 + R^2}$
2	$(\omega L)^2$	$\sqrt{(\omega L)^2 + R^2}$	$V/(\omega L + R)$
3	ωL	$\sqrt{(\omega L)^2 + R^2}$	$V/(\omega L + R)$
4	ωL	$\omega L + R$	$V/(\omega L + R)$
5	ωL	$\sqrt{(\omega L)^2 + R^2}$	$V/\sqrt{(\omega L)^2 + R^2}$

V：交流電源電圧〔V〕

ω：交流電源の角周波数〔rad/s〕

L：自己インダクタンス〔H〕

R：抵抗〔Ω〕

A－4　次は、論理回路の名称と真理値表の組合せを示したものである。このうち誤っているものを下の番号から選べ。ただし、正論理とし、A及びBを入力、Xを出力とする。

1 AND

A	B	X
0	0	1
0	1	0
1	0	0
1	1	1

2 OR

A	B	X
0	0	0
0	1	1
1	0	1
1	1	1

3 NAND

A	B	X
0	0	1
0	1	1
1	0	1
1	1	0

4 NOR

A	B	X
0	0	1
0	1	0
1	0	0
1	1	0

5 EX－OR

A	B	X
0	0	0
0	1	1
1	0	1
1	1	0

A－5　次の記述は、DSB（A3E）送信機に必要な条件について述べたものである。このうち、誤っているものを下の番号から選べ。

1　一般的に、電力効率が高いこと。

2　スプリアス発射が少なく、その強度が許容値内であること。

3　発射される電波の占有周波数帯幅は、許容値内であること。

4　送信される電波の周波数は、正確かつ安定であり、常に許容される偏差以上であること。

5　送信機からアンテナ系に供給される電力は、安定かつ適正であり、常に許容される偏差内に保たれていること。

A－6　次の記述は、デジタル変調について述べたものである。このうち誤っているものを下の番号から選べ。

答　A－3：5　　A－4：1　　A－5：4

1　ASK は、入力信号によって、搬送波の振幅が変化する方式をいう。

2　FSK は、入力信号によって、搬送波の周波数が変化する方式をいう。

3　PSK は、入力信号によって、搬送波の周波数と振幅が変化する方式をいう。

4　QAM は、入力信号によって、搬送波の振幅と位相が変化する方式をいう。

5　BPSK は、PSK のうち、位相が2種類変化する方式をいう。

A－7　次の記述は、受信機の性能について述べたものである。□□□内に入れるべき字句の正しい組合せを下の番号から選べ。

(1)　受信した信号波を受信機の出力側で、どれだけ正確に元の信号波に再現できるかを表す能力を、□A□という。

(2)　周波数の異なる数多くの電波の中から、目的とする電波だけを選び出すことができるかを表す能力を、□B□という。

(3)　どの程度まで弱い電波を受信することができるかを表す能力を、□C□という。

	A	B	C
1	忠実度	感度	安定度
2	忠実度	選択度	感度
3	感度	選択度	安定度
4	安定度	感度	忠実度
5	安定度	選択度	感度

A－8　次の記述は、図に示すスーパヘテロダイン受信機（A3E）の構成例について述べたものである。□□□内に入れるべき字句の正しい組合せを下の番号から選べ。なお、同じ記号の□□□内には、同じ字句が入るものとする。

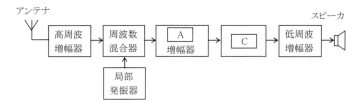

(1)　周波数混合器の出力の周波数は、□A□数といわれる。

(2)　一般に、□A□数は、受信周波数よりも□B□周波数である。

(3)　□C□は、振幅変調された信号から、音声信号を取り出す。

	A	B	C
1	中間周波	低い	検波器
2	中間周波	高い	変調器
3	中間周波	低い	変調器
4	可聴周波	高い	変調器
5	可聴周波	低い	検波器

答　A－6：3　　A－7：2　　A－8：1

A-9 周波数 f_C 〔Hz〕の搬送波を最高周波数が f_S 〔Hz〕の変調信号で周波数変調したときの占有周波数帯幅 B 〔Hz〕を表す近似式として、適切なものを下の番号から選べ。ただし、最大周波数偏移を Δf 〔Hz〕とし、変調指数 m_f は、$1<m_f<10$ とする。

1 $B≒\Delta f+2f_S$ 〔Hz〕 2 $B≒\Delta f-2f_S$ 〔Hz〕 3 $B≒2(\Delta f+f_C)$ 〔Hz〕

4 $B≒2(\Delta f+f_S)$ 〔Hz〕 5 $B≒2(\Delta f-f_S)$ 〔Hz〕

A-10 次の記述は、パルスレーダーの距離分解能について述べたものである。□□□内に入れるべき字句の正しい組合せを下の番号から選べ。

(1) 同じ方位において、□A□の異なる二つの物標を識別できる物標相互間の□B□をいう。

(2) パルス幅が、□C□ほど良い。

	A	B	C
1	距離	最長距離	狭い
2	距離	最短距離	狭い
3	距離	最長距離	広い
4	仰角	最短距離	狭い
5	仰角	最長距離	広い

A-11 次の記述は、図に示す原理的な定電圧電源回路について述べたものである。□□□内に入れるべき字句の正しい組合せを下の番号から選べ。ただし、Dz に流れる電流 I_Z は常に流れていて、回路は理想的に動作しているものとする。

(1) Dz は、□A□ダイオードである。

(2) Dz に流れる電流 I_Z は、X に流れる電流 I_X が増加すると、□B□する。

(3) 端子 ab 間の電圧 V_L は、X に流れる電流 I_X が□C□。

	A	B	C
1	ツェナー	減少	増加しても、一定である
2	ツェナー	増加	増加すると、減少する
3	ツェナー	増加	増加しても、一定である
4	トンネル	増加	増加すると、減少する
5	トンネル	減少	増加しても、一定である

V : 交流電源電圧〔V〕
D : ダイオード C : 静電容量〔F〕
R : 抵抗〔Ω〕 X : 負荷〔Ω〕

A-12 次の記述は、アンテナと給電線の接続について述べたものである。このうち誤っているものを下の番号から選べ。ただし、送信機と給電線は、整合しているものとする。

答 A-9：4 A-10：2 A-11：1

1 アンテナと給電線のインピーダンス整合がとれているとき、給電線には定在波が生じない。

2 アンテナと給電線のインピーダンス整合がとれているとき、給電線には反射波が生じない。

3 アンテナと給電線のインピーダンス整合がとれているとき、給電線の電圧定在波比（VSWR）の値は、0（零）である。

4 アンテナと給電線のインピーダンス整合がとれているとき、給電線からアンテナへ供給される電力が最大になる。

5 アンテナと給電線のインピーダンス整合がとれているとき、アンテナの入力インピーダンスと給電線の特性インピーダンスは、等しい。

A－13 次の記述は、電流計（直流）について述べたものである。□□内に入れるべき字句の正しい組合せを下の番号から選べ。なお、同じ記号の□□内には、同じ字句が入るものとする。

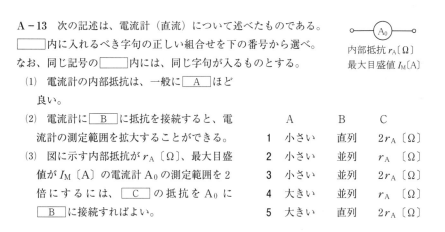

内部抵抗 r_A〔Ω〕
最大目盛値 I_M〔A〕

(1) 電流計の内部抵抗は、一般に □A□ ほど良い。

(2) 電流計に □B□ に抵抗を接続すると、電流計の測定範囲を拡大することができる。

(3) 図に示す内部抵抗が r_A〔Ω〕、最大目盛値が I_M〔A〕の電流計 A_0 の測定範囲を2倍にするには、□C□ の抵抗を A_0 に □B□ に接続すればよい。

	A	B	C
1	小さい	直列	$2r_A$〔Ω〕
2	小さい	並列	r_A〔Ω〕
3	小さい	並列	$2r_A$〔Ω〕
4	大きい	並列	r_A〔Ω〕
5	大きい	直列	$2r_A$〔Ω〕

B－1 次の記述は、増幅回路に負帰還をかけた場合の一般的な効果について、かけない場合との比較を述べたものである。このうち正しいものを1、誤っているものを2として解答せよ。

ア 利得が減少する。

イ 温度や電源電圧の変動などに対して増幅回路の利得が安定になる。

ウ 入出力のインピーダンスは変化しない。

エ 利得の周波数特性を改善する（帯域幅を広げる）ことができる。

オ 増幅回路の内部で発生するひずみや雑音が増加する。

答 A－12：3　　A－13：2
　　B－1：ア－1　イ－1　ウ－2　エ－1　オ－2

B－2　次の記述は、捜索救助用レーダートランスポンダ（SART）について述べたものである。□□□内に入れるべき字句を下の番号から選べ。ただし、小型船舶（20トン未満）用を除く。

(1)　SART に使用される周波数帯は、□ア□〔GHz〕帯である。

(2)　SART の電波を放射するアンテナの水平面内指向性は、□イ□である。

(3)　捜索側の船舶又は航空機がSART の電波を受信すると、そのレーダーの表示器上に□ウ□個の輝点列が表示される。

(4)　表示器上の輝点列から SART までの□エ□を知ることができる。

(5)　電池の容量は、96時間の待受状態の後、連続□オ□時間支障なく動作させることができることが要求されている。

1	15	2	24	3	12	4	方向のみ	5	距離及び方位
6	6	7	9	8	8	9	単一指向性	10	全方向性

B－3　次の記述は、AM（A3E）通信方式と比べたときの FM（F3E）通信方式の一般的な特徴について述べたものである。□□□内に入れるべき字句を下の番号から選べ。

(1)　占有周波数帯幅が□ア□。

(2)　パルス性雑音の影響を□イ□。

(3)　主に□ウ□の周波数帯で多く用いられる。

(4)　同一周波数の妨害波があっても、希望波が妨害波よりある程度□エ□。

(5)　受信電波の強度があるレベル□オ□になると、受信機出力の信号対雑音比（S/N）が急激に悪くなる。

1	広い	2	受けやすい	3	中波（MF）帯及び短波（HF）帯
4	強くても妨害波を抑圧できず通信ができない			5	以下
6	狭い	7	受けにくい	8	超短波（VHF）帯及び極超短波（UHF）帯
9	強ければ妨害波を抑圧して通信ができる			10	以上

B－4　次の記述は、図1に示す半波長ダイポールアンテナ（ANT）について述べたものである。□□□内に入れるべき字句を下の番号から選べ。ただし、波長を λ〔m〕とする。

(1)　半波長ダイポールアンテナは、□ア□アンテナの一つである。

(2)　半波長ダイポールアンテナの利得は、等方性アンテナより□イ□。

(3)　半波長ダイポールアンテナの実効長は、□ウ□〔m〕で表される。

　答　　B－2：ア－7　イ－10　ウ－3　エ－5　オ－8

　　　　B－3：ア－1　イ－7　ウ－8　エ－9　オ－5

(4) 基本波に共振しているときのアンテナ上の電流分布の概略を表す図は、図2の エ に示すものとなる。

(5) アンテナの指向特性の概略を表す図は、図3の オ に示すものとなる。

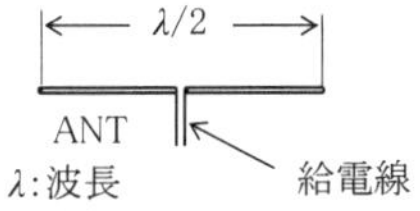

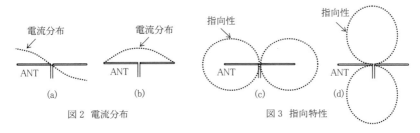

図1 半波長ダイポールアンテナ

λ:波長　給電線

図2 電流分布　　　図3 指向特性

| 1 | 定在波 | 2 | 小さい | 3 | λ/π | 4 | (a) | 5 | (d) |
| 6 | 進行波 | 7 | 大きい | 8 | $2\lambda/\pi$ | 9 | (b) | 10 | (c) |

B-5　次の記述は、超短波（VHF）帯の電波の海上伝搬等について述べたものである。 内に入れるべき字句を下の番号から選べ。なお、同じ記号の 内には同じ字句が入るものとする。

(1) 見通し距離内では、受信波は、 ア と海面からの反射波とが合成されたものである。

(2) (1)のため、 ア と海面からの反射波が イ で合成されると、受信点の電界強度は、弱められる。

(3) 標準大気中では、幾何学的見通し距離よりも遠方まで伝搬 ウ 。

(4) 障害物の裏側に回り込む電波は、 エ という。

(5) 夏季に電離層に オ が突発的に発生すると、電波は見通し距離の外まで伝搬することがある。

1	直接波	2	同相	3	しない	4	定在波
5	D層	6	F層からの反射波	7	逆相	8	する
9	回折波	10	スポラジックE層（E_S層）				

答　B-4：ア-1　イ-7　ウ-3　エ-9　オ-5
　　　B-5：ア-1　イ-7　ウ-8　エ-9　オ-10

▶解答の指針

A-2

与図の回路では、$V_{BE} = E_1 = 0.6$〔V〕であるから、下図の図2-1のI_B-V_{BE}特性曲線の点Pに対応し、$I_B = 80$〔μA〕である。図2-2のI_C-V_{CE}特性曲線では、$I_B = 80$〔μA〕と$V_{CE} = 6.0$〔V〕との交点のQにおけるI_Cの値である約<u>7.0〔mA〕</u>を得る。

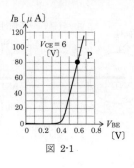
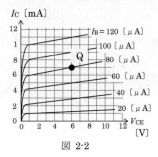

図 2-1　　　　　　　　　図 2-2

A-3

(1) Lの誘導リアクタンスX_Lは、<u>ωL</u>〔Ω〕である。

(2) LとRの合成インピーダンスの大きさZは、<u>$\sqrt{(\omega L)^2 + R^2}$</u>〔Ω〕である。

(3) 電流の大きさIは、$V/Z = $<u>$V/\sqrt{(\omega L)^2 + R^2}$</u>〔A〕である。

A-4

誤っているのは、1であり、正しくは以下のとおり。

1　AND

A	B	X
0	0	0
0	1	0
1	0	0
1	1	1

A-5

4　送信される電波の周波数は、正確かつ安定であり、常に許容される**偏差内に保たれて**いること。

A-6

3　PSKは、入力信号によって、搬送波の**位相**が変化する方式をいう。

A－8

(1) 周波数混合器の出力周波数は、<u>中間周波数</u>といわれる。

(2) 希望波を安定的に増幅しやすいように、一般に<u>中間周波数は受信周波数より低い周波</u>数が選ばれる。

(3) <u>検波器</u>は振幅変調された信号から音声信号を取り出す。

A－9

占有周波数帯幅 B は、最大周波数偏移を Δf 〔Hz〕、最高変調周波数を f_s 〔Hz〕として、次の近似式で<u>与えられる</u>。

$$B \fallingdotseq 2(\Delta f + f_s) \ \text{〔Hz〕}$$

A－10

(1) 同じ方位にあり、<u>距離</u>の異なる二つの物標を識別できる物標相互間の<u>最短距離</u>である。

(2) その距離 d はパルス幅を τ 〔μs〕とすると、$d = 150\tau$ 〔m〕で表され、パルス幅は<u>狭</u><u>い</u>ほど良い。

A－11

(1) Dz は、<u>ツェナーダイオード（定電圧ダイオード）</u>である。

(2) Dz に流れる電流 I_Z は、X に流れる電流 I_X が増加すると、<u>減少</u>する。

(3) 端子 ab 間の電圧 V_L は、X に流れる電流 I_X が<u>増加しても、一定</u>である。

A－12

<u>3</u>　アンテナと給電線のインピーダンス整合がとれているとき、給電線の電圧定在波比（VSWR）の値は、<u>1</u>である。

A－13

(1) 電流計の内部抵抗は、電圧降下による測定誤差を軽減するため一般に<u>小さい</u>ほど良い。

(2) 電流計に<u>並列</u>に抵抗を接続し電流を分流することにより測定範囲を拡大できる。

(3) 下図のように A_0 に r_B 〔Ω〕の抵抗（分流器）を並列接続して測定範囲を2倍にするには r_B に I_M 〔A〕の電流を流せばよい。したがって、電圧 V_{A0} は次のようになる。

$$V_{A0} = I_M r_A = I_M r_B$$

すなわち、$r_B = \underline{r_A}$ 〔Ω〕の抵抗を並列接続すればよい。

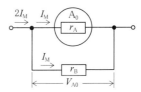

B－1

ウ　入出力のインピーダンスは**変化する**。

オ　増幅回路の内部で発生するひずみや雑音が**減少**する。

B－2

　SART は GMDSS の一種であって、生存艇（遭難艇）に装備され、捜索船舶又は救難航空機の 9〔GHz〕帯のレーダー電波を待受け、受信すると応答信号を出すことによって遭難場所を通報するシステムである。送信アンテナの指向性は、受信位置が不定であるから、全方向性である。応答信号は、同じ周波数帯の周波数 9,200〜9,500MHz の 300MHz にわたり、のこぎり波形状に周波数掃引を12回繰り返す電波であって、レーダー指示器上に12個の輝点列を表示し、輝点列の表示器の中心に最も近い輝点で SART の距離及び方位を知ることができる。SART の電池は、96時間の待受状態の後、1〔ms〕の周期でレーダ電波を受信した場合に、連続8時間の動作に支障のない容量が要求されている。

B－4

(1)　半波長ダイポールアンテナは、長さが半波長で、その波長で共振する周波数とその近辺以外では使用できない定在波アンテナの一つである。

(2)　半波長ダイポールアンテナの利得は、等方性アンテナより大きい。約1.64倍である。

(3)　半波長ダイポールアンテナの実効長は、λ/π〔m〕で表される。

(4)　基本波に共振しているときのアンテナ上の電流分布の概略を示す図は、図2の(b)である。

(5)　アンテナの指向特性の概略を表す図は、アンテナに垂直な面内で最大放射となる図3の(d)である。

B－5

(1)　見通し距離内の伝搬において受信波は直接波と海面反射波との合成波となる。

(2)　(1)では、直接波と海面反射波が逆相で合成されると受信電界は弱められる。

(3)　標準大気中では、屈折率が高度とともに減少するので電波通路が上に凸になり、幾何学的見通し距離よりも遠方まで伝搬する。

(4)　障害物の裏側に回り込む電波は、回折波という。

(5)　夏季、電離層にスポラジック E 層（Es 層）が発生すると電波は遠方まで伝搬することがある。

A－1　次の記述は、真空中に置かれた点電荷の周囲の電界の強さについて述べたものである。□□□内に入れるべき字句の正しい組合せを下の番号から選べ。ただし、図に示す点Ｏに Q〔C〕の点電荷を置いたとき、点Ｏから r〔m〕離れた点Ｘの電界の強さを E〔V/m〕とする。

(1)　図に示す点Ｏに Q〔C〕の電荷を置いたとき、点Ｏから $2r$〔m〕離れた点Ｙの電界の強さは、□ A □〔V/m〕である。

(2)　図に示す点Ｏに Q〔C〕の電荷を置いたとき、点Ｏと点Ｘの中間にある点Ｚの電界の強さは、□ B □〔V/m〕である。

(3)　図に示す点Ｏに $2Q$〔C〕の電荷を置いたとき、点Ｏと点Ｘの中間にある点Ｚの電界の強さは、□ C □〔V/m〕である。

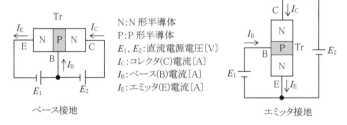

	A	B	C
1	$E/2$	$4E$	$8E$
2	$E/2$	$2E$	$4E$
3	$E/4$	$2E$	$4E$
4	$E/4$	$2E$	$8E$
5	$E/4$	$4E$	$8E$

A－2　次の記述は、図に示すトランジスタ（Tr）のベース接地電流増幅率 α とエミッタ接地電流増幅率 β について述べたものである。このうち誤っているものを下の番号から選べ。

Tr

ベース接地

N：Ｎ形半導体
P：Ｐ形半導体
E_1, E_2：直流電源電圧〔V〕
I_C：コレクタ（C）電流〔A〕
I_B：ベース（B）電流〔A〕
I_E：エミッタ（E）電流〔A〕

エミッタ接地

1　α は、$\alpha < 1$ である。

2　α は、$\alpha = I_C / I_E$ である。

3 β は、$\beta = I_C/I_B$ である。

4 I_C は、$I_C = I_E + I_B$ である。

5 β を α で表すと、$\beta = \alpha/(1-\alpha)$ である。

A-3 図に示す正弦波交流電圧の瞬時値 v を表す式として、正しいものを下の番号から選べ。

1 $v = 100 \sin 60\pi t$ 〔V〕

2 $v = 100 \sin 120\pi t$ 〔V〕

3 $v = 100\sqrt{2} \sin 30\pi t$ 〔V〕

4 $v = 100\sqrt{2} \sin 60\pi t$ 〔V〕

5 $v = 100\sqrt{2} \sin 120\pi t$ 〔V〕

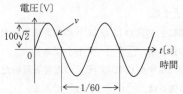

A-4 次の記述は、増幅回路 AP の電圧利得について述べたものである。 ☐ 内に入れるべき字句の正しい組合せを下の番号から選べ。

(1) 図に示す増幅回路 AP の電圧利得 G は、$G = \boxed{\text{A}} \times \log_{10}(V_o/V_i)$ 〔dB〕で表される。

(2) したがって、電圧利得 G が、60〔dB〕の増幅回路 AP の電圧増幅度は、 $\boxed{\text{B}}$ である。

	A	B
1	20	1,000
2	20	100
3	10	10,000
4	10	1,000
5	10	100

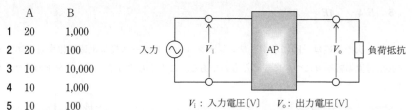

V_i：入力電圧〔V〕 V_o：出力電圧〔V〕

A-5 図は、位相同期ループ（PLL）を利用した発振回路の原理的な構成例を示したものである。 ☐ 内に入れるべき字句の正しい組合せを下の番号から選べ。

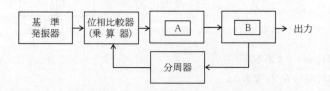

	A	B
1	緩衝増幅器	電力増幅器
2	高域フィルタ（HPF）	電力増幅器
3	高域フィルタ（HPF）	電圧制御発振器
4	低域フィルタ（LPF）	電力増幅器
5	低域フィルタ（LPF）	電圧制御発振器

A-6　FM（F3E）送信機で用いられない回路を下の番号から選べ。

1　発振回路　　　　　　2　IDC回路

3　周波数弁別回路　　　4　プレエンファシス回路

5　電力増幅回路

A-7　次の記述は、DSB（A3E）通信方式と比べたときのSSB（J3E）通信方式の一般的な特徴について述べたものである。□□□内に入れるべき字句の正しい組合せを下の番号から選べ。ただし同じ条件のもとで通信を行うものとする。

(1)　送信電力が、 A 。

(2)　占有周波数帯幅は約 B である。

(3)　選択性フェージングの影響が C 。

	A	B	C
1	小さくてすむ	1/4	大きい
2	小さくてすむ	1/2	小さい
3	小さくてすむ	1/2	大きい
4	大きくなる	1/4	大きい
5	大きくなる	1/2	小さい

A-8　次の記述は、DSB（A3E）スーパヘテロダイン受信機の高周波増幅器の働きについて述べたものである。□□□内に入れるべき字句の正しい組合せを下の番号から選べ。

(1)　高周波増幅器は、 A から副次的に生ずる不要な高周波がアンテナから放射されるのを防ぐ。

(2)　高周波増幅器は、 B や信号対雑音比（S/N）を良くする。

(3)　高周波増幅器は、 C による混信妨害を軽減する。

答　A-5：5　　A-6：3　　A-7：2

	A	B	C
1	検波器	感度	影像周波数
2	検波器	リプル含有率	音声周波数
3	局部発振器	感度	影像周波数
4	局部発振器	リプル含有率	音声周波数
5	局部発振器	リプル含有率	影像周波数

A－9　次に示す周波数スペクトルに対応する電波の型式の組合せとして、正しいものを下の番号から選べ。ただし、電波は、振幅変調の無線電話とする。また、点線部分は、電波が出ていないものとする。

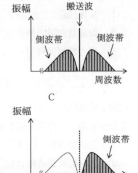

	A	B	C
1	J3E	A3E	H3E
2	H3E	J3E	A3E
3	H3E	A3E	J3E
4	A3E	H3E	J3E
5	A3E	J3E	H3E

A－10　次の記述は、衛星非常用位置指示無線標識（衛星 EPIRB）について述べたものである。　　　内に入れるべき字句の正しい組合せを下の番号から選べ。

(1)　衛星 EPIRB は、　A　衛星を利用した無線標識である。

(2)　衛星 EPIRB は、衛星向けの　B　帯及び航空機がホーミングするための 121.5〔MHz〕の電波を送信する。

(3)　衛星 EPIRB から送信される衛星向けの　C　によって、遭難船舶を特定することができる。

	A	B	C
1	コスパス・サーサット	1.5〔GHz〕	音声信号
2	コスパス・サーサット	406〔MHz〕	識別信号
3	コスパス・サーサット	406〔MHz〕	音声信号
4	インテルサット	406〔MHz〕	音声信号
5	インテルサット	1.5〔GHz〕	識別信号

答　A－8：3　　A－9：4　　A－10：2

A-11 図は、無停電電源装置（UPS）の浮動充電方式の原理的構成例を示したもので
ある。____内に入れるべき字句の正しい組合せを下の番号から選べ。

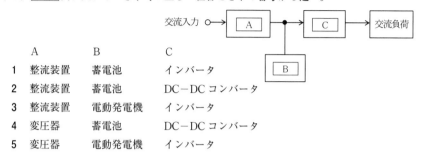

	A	B	C
1	整流装置	蓄電池	インバータ
2	整流装置	蓄電池	DC−DC コンバータ
3	整流装置	電動発電機	インバータ
4	変圧器	蓄電池	DC−DC コンバータ
5	変圧器	電動発電機	インバータ

A-12 給電線上の定在波電圧を測定したところ、図に示すように最大値 V_{max} が15〔V〕、
最小値 V_{min} が5〔V〕であった。このときの電圧定在波比（VSWR）の値として、正し
いものを下の番号から選べ。

1 1.5
2 2.0
3 3.0
4 4.5
5 5.0

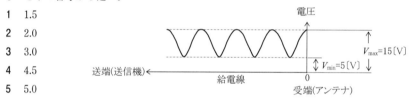

A-13 次の記述は、指示電気計器（永久磁石可動コイル形）の電圧計及び電流計につい
て述べたものである。このうち誤っているものを下の番号から選べ。

1 電圧計の内部抵抗は、一般に大きいほど良い。
2 電流計の内部抵抗は、一般に小さいほど良い。
3 一般に直流用には、図1の表示記号、交流用には図2の
   表示記号が目盛板に表示されている。
4 電流計の測定範囲を拡大するためには、分流器を電流計と直列に接続する。
5 電圧計の測定範囲を拡大するためには、直列抵抗器を電圧計と直列に接続する。

図1   図2

B-1 次の記述は、図に示す理想的な演算増幅器（A_{OP}）を用いた増幅回路について述
べたものである。____内に入れるべき字句を下の番号から選べ。ただし、入力電圧を
V_i、出力電圧を V_o とする。

答   A-11：**1**   A-12：**3**   A-13：**4**

(1) I_a は、$I_a =$ ［ ア ］〔A〕である。

(2) $V_{ab} = 0$〔V〕であるから、$V_i =$ ［ イ ］〔V〕である。

(3) I_1 と I_2 の関係は、［ ウ ］である。

(4) (3)より、V_o の大きさは、$|V_o| =$ ［ エ ］〔V〕である。

(5) したがって、電圧増幅度 $A =$
$|V_o/V_i|$ は、$A =$ ［ オ ］である。

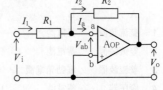

1	V_i/R_1	2	$I_1 R_1$
3	$I_1 = I_2$	4	$2I_1 R_2$
5	R_1/R_2	6	0（零）
7	$2I_1 R_1$	8	$I_1 = 2I_2$
9	$I_1 R_2$	10	R_2/R_1

V_{ab}：端子 ab 間の電圧〔V〕　I_a：AOP に流れる電流〔A〕
I_1：R_1 に流れる電流〔A〕　I_2：R_2 に流れる電流〔A〕
R_1、R_2：抵抗〔Ω〕

B - 2　次の記述は、図に示すアンテナを用いた船舶用レーダーについて述べたものである。［　　］内に入れるべき字句を下の番号から選べ。

(1) 一般に、［ ア ］帯の電波が用いられている。

(2) 回転部には、［ イ ］アンテナが装着されている。

(3) 一般に、アンテナへの給電線として、［ ウ ］が用いられる。

(4) 水平面内指向性は、垂直面内指向性に比べて［ エ ］。

(5) 最大放射方向は、矢印 X、Y 及び Z のうち［ オ ］の方向である。

1　マイクロ波（SHF）

2　スロットアレー

3　平行二線式給電線

4　鋭くない

5　矢印 Z　　6　超短波（VHF）

7　ホーン　　8　導波管

9　鋭い　　10　矢印 X 及び Y

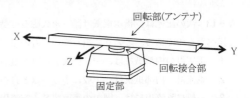

B - 3　次の記述は、無線局の混信を防止するための一般的な方法について述べたものである。このうち正しいものを1、誤っているものを2として解答せよ。

ア　業務遂行上、必要最小限の空中線電力で運用する。

イ　無線設備を設置するときは、その場所や位置について、他の無線局へ妨害を与えないように、また、妨害を受けないように留意する。

［答］　B - 1：ア - 6　イ - 2　ウ - 3　エ - 9　オ - 10
　　　　B - 2：ア - 1　イ - 2　ウ - 8　エ - 9　オ - 5

ウ　2地点間の固定通信の場合、全方向性アンテナを使用する。

エ　必要により、アンテナ系にフィルタやトラップを挿入する。

オ　受信機の中間周波増幅器には、良好な通過帯域幅及び遮断特性を持った低域フィル
タ（LPF）を用いる。

B－4　次の記述は、図に示す原理的な構造の円形パラボラアンテナについて述べたもの
である。　　　内に入れるべき字句を下の番号から選べ。

(1)　反射器の形は、回転　ア　である。

(2)　一次放射器は、反射器の　イ　に置かれる。

(3)　反射器で反射された電波は、ほぼ　ウ　となって
空間に放射される。

(4)　波長に比べて開口面の直径が　エ　なるほど、利
得は大きくなる。

(5)　一般に、　オ　の周波数で多く用いられる。

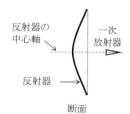

反射器の
中心軸

一次
放射器

反射器

断面

1	放物面	2	表面の中央	3	平面波	4	小さく	5	短波（HF）帯
6	楕円面	7	焦点	8	球面波	9	大きく	10	マイクロ波（SHF）帯

B－5　次の記述は、電離層に関する一般的な事項ついて述べたものである。　　　内に
入れるべき字句を下の番号から選べ。

(1)　D層は、昼間に現れ、夜間　ア　。

(2)　E層における第1種減衰は、　イ　。

(3)　F層は、D、E層に比べると電子密度が　ウ　。

(4)　スポラジックE層（Es層）は、　エ　現れ、電子密度は周囲より高い。

(5)　第2種減衰は、電波が　オ　ときに受ける減衰である。

1	も消滅しない	2	昼間に小さく、夜間に大きい
3	高い	4	D層の下に
5	電離層で反射する	6	は消滅する
7	昼間に大きく、夜間に小さい	8	低い
9	E層とほぼ同じ高さに	10	電離層を突き抜ける

答　B－3：ア－1　イ－1　ウ－2　エ－1　オ－2
　　B－4：ア－1　イ－7　ウ－3　エ－9　オ－10
　　B－5：ア－6　イ－7　ウ－3　エ－9　オ－5

▶解答の指針

A－1

点電荷 Q〔C〕から r〔m〕離れた点の電界の強さ E は、誘電率 ε〔F/m〕として次式で表される。

$$E = Q/(4\pi\varepsilon r^2)$$

したがって、E は、r の2乗に反比例し、Q に比例する。

(1) 点 O に Q〔C〕の電荷を置いたとき、点 Y の電界の強さは、r^2 に反比例するので $E/4$〔V/m〕である。

(2) 点 O に Q〔C〕の電荷を置いたとき、点 Z の電界の強さは、$4E$〔V/m〕である。

(3) 点 O に電荷 $2Q$ を置いたとき、点 Z の電界の強さは、$2\times 4E = 8E$〔V/m〕である。

A－2

4 I_C は、キルヒホッフの第1法則から、$I_C = I_E - I_B$ である。

A－3

v の振幅 V_m：$V_m = 100\sqrt{2}$〔V〕

v の周期 T：$T = 1/60$〔s〕

v の周波数 f：$f = 1/T = 60$〔Hz〕

したがって、v の瞬時値は次のとおり。

$$v = V_m \sin\omega t = V_m \sin 2\pi f t = 100\sqrt{2}\,\sin 120\pi t\ \text{〔V〕}$$

A－4

(1) 図に示す増幅回路 AP の電圧利得 G は、次式で表される。

$$G = 20\log_{10}(V_o/V_i)\ \text{〔dB〕}$$

(2) $G = 60$〔dB〕であるから、電圧増幅度は、$V_o/V_i = 10^{(60/20)} = 10^3 = 1{,}000$ である。

A－5

位相比較器の出力には高周波成分や雑音を含むので、　A　の低域フィルタ（LPF）で取り除き、誤差電圧のみを取り出す。

　B　は低域フィルタの出力に応じて周波数を変化させた信号を作る電圧制御発振器（VCO）である。

A－6

3 周波数弁別回路は、FM（F3E）受信機の復調器である。

A－7

(1) 搬送波が抑圧され一方の側帯波のみ送信されるので送信電力が<u>小さくてすむ</u>。

(2) 占有周波数帯幅は約<u>1/2</u>である。

(3) 占有周波数帯幅が狭いので選択性フェージングの影響が<u>小さい</u>。

A－8

(1) 局部発振器から副次的に生じる不要発射がアンテナから漏れるのを防ぐ。

(2) 受信機の出力端のS/Nは初段のS/Nで決まるので、高周波増幅器を設けその入力段に低雑音素子を用い、<u>感度</u>や信号対雑音比（S/N）を良くする。

(3) 同調回路により<u>影像周波数</u>による混信妨害を抑圧する。

A－9

A：搬送波を有し、両方の側波帯が存在しているので、A3E。

B：搬送波を有し、片方の側波帯のみ存在しているので、H3E。

C：搬送波がなく、片方の側波帯のみ存在しているので、J3E。

A－10

　衛星EPIRBは、極軌道をもつコスパス・サーサット衛星を用いた遭難救助用のブイである。衛星はブイから送信される<u>406〔MHz〕</u>の電波を受信し、そのドップラー偏移の情報から送信点を決定するとともに<u>識別信号</u>から遭難船舶を特定することができる。ブイの信号は約50秒（許容偏差5％）ごとに約0.5秒間繰り返され、送信の始動と停止は手動でもできる。捜索救助を行う航空機は、ブイからの121.5〔MHz〕のホーミング電波を受信し、衛星EPIRBの方位を決定する。

A－12

　給電線上の電圧定在波比Sは、電圧の最大値V_{max}〔V〕と最小値V_{min}〔V〕との比で定義され、題意の数値を用いて、$S = 15/5 = 3.0$である。

A－13

4　電流計の測定範囲を拡大するためには、分流器を電流計と**並列**に接続する。

B－1

(1) 演算増幅器の入力インピーダンスは∞として扱うので、I_aは、$I_a = \underline{0（零）}$〔A〕である。

(2) $V_{ab} = 0$〔V〕であるから、$V_i = \underline{I_1 R_1}$〔V〕である。

(3) $I_a = 0$なので、I_1とI_2の関係は、$\underline{I_1 = I_2}$である。

(4) (3)より、V_0の大きさは、$|V_0| = I_2 R_2 = \underline{I_1 R_2}$〔V〕である。

(5) したがって、電圧増幅度$A = |V_0/V_i|$は、$A = |I_1 R_2/I_1 R_1| = \underline{R_2/R_1}$である。

B-2

(1)　マイクロ波（SHF）帯の電波が用いられている。

(2)　回転部には、スロットアレーアンテナが装着されている。

(3)　アンテナへの給電線には導波管が用いられる。

(4)　水平面内指向性は、垂直面内指向性に比べて鋭い。

(5)　最大放射方向は、矢印 X、Y 及び Z のうち矢印 Z の方向である。

【解説】

　船舶用レーダーに用いられるスロットアレーアンテナは、TE_{10} モードで励振される方形導波管（X−Y 方向）の短辺の側面に管内波長 λ_g の1/2の間隔で交互に角度を変えたスロットをアレー状に設けたアンテナである。隣り合う一対のスロットから放射される電波の合成電界の水平成分は同位相で加わり合い、垂直成分は逆位相となり相殺されて、結果として水平偏波を放射する。

B-3

ウ　2地点間の固定通信の場合、**指向性アンテナ**を使用する。

オ　受信機の中間周波増幅器には、良好な通過帯域幅及び遮断特性を持った**帯域フィルタ（BPF）**を用いる。

B-4

(1)　反射器の形は、回転放物面である。

(2)　一次放射器は、反射器の焦点に置かれる。

(3)　反射器で反射された電波は、ほぼ平面波となって空間に放射される。

(4)　波長に比べて開口面の直径が大きくなるほど、開口面積が大きくなり、それに比例して利得は大きくなる。

(5)　一般に、マイクロ波（SHF）帯の周波数で多く用いられる。

B-5

(1)　D 層は、昼間に E 層の下に現れ、通過する MF、HF 帯電波に減衰を与える。夜間は消滅する。

(2)　E 層における第一種減衰は電子密度が高い昼間に大きく、夜間に小さい。

(3)　F 層は、他の D や E 層と比べ、電子密度が高い。

(4)　スポラジック E 層（Es 層）は、とくに夏季に E 層とほぼ同じ高さに現れ、電子密度は周囲より高く VHF 帯の異常伝搬のもとになる。

(5)　第二種減衰は、電波が電離層で反射するとき受ける減衰である。

A－1　次の記述は、電気磁気に関する単位について述べたものである。このうち誤っているものを下の番号から選べ。

　　1　〔T〕（テスラ）は、電束密度の単位である。

　　2　〔H〕（ヘンリー）は、インダクタンスの単位である。

　　3　〔Wb〕（ウェーバ）は、磁束の単位である。

　　4　〔V/m〕（ボルト毎メートル）は、電界の強さの単位である。

　　5　〔A/m〕（アンペア毎メートル）は、磁界の強さの単位である。

A－2　次の記述は、図に示す電界効果トランジスタ（FET）の原理的構造例について述べたものである。　　　内に入れるべき字句の正しい組合せを下の番号から選べ。なお、同じ記号の　　　内には、同じ字句が入るものとする。

　　(1)　ゲート層の構造が金属（M）、　A　（O）、半導体（S）の順になっているので、MOSFET という。

　　(2)　ゲートに正の電位を与えると、ソース・ドレイン間に　B　形のチャネルが形成され、伝導性が生じて電流が流れる。

　　(3)　図に示す FET は　B　チャネル FET である。

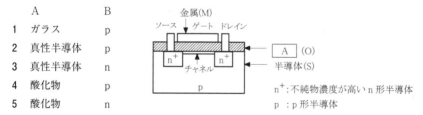

	A	B
1	ガラス	p
2	真性半導体	p
3	真性半導体	n
4	酸化物	p
5	酸化物	n

n⁺：不純物濃度が高い n 形半導体
p ：p 形半導体

A－3　図に示す交流回路の有効電力（消費電力）として、正しいものを下の番号から選べ。ただし、交流電源の電圧 V を 100〔V〕、負荷に流れる電流 I を 4〔A〕及び負荷の力率を0.8とする。

　　1　280〔W〕　　　2　300〔W〕

　　3　320〔W〕　　　4　380〔W〕

　　5　500〔W〕

A-4 次の記述は、図に示す理想的な演算増幅器（オペアンプ）A_{OP} について述べたものである。□ 内に入れるべき字句の正しい組合せを下の番号から選べ。

(1) 入力インピーダンスは、□ A □ である。

(2) 出力インピーダンスは、□ B □ である。

(3) 増幅度は、□ C □ である。

	A	B	C
1	零 (0)	零 (0)	無限大 (∞)
2	零 (0)	無限大 (∞)	零 (0)
3	無限大 (∞)	無限大 (∞)	零 (0)
4	無限大 (∞)	零 (0)	無限大 (∞)
5	無限大 (∞)	無限大 (∞)	無限大 (∞)

入力1 ─ A_{OP} ─ 出力
入力2 +

A-5 次の記述は、無線電話送信機の寄生振動の発生とその影響について述べたものである。このうち誤っているものを下の番号から選べ。

1 他の通信に妨害を与えるおそれがある。

2 同じ周波数を多段増幅する回路では発生しない。

3 トランジスタなどの回路素子を集積した IC 等の回路部品が破損するおそれがある。

4 発射電波の波形がひずむ。

5 占有周波数帯幅が広くなる。

A-6 次の記述は、無線通信の変調について述べたものである。□ 内に入れるべき字句の正しい組合せを下の番号から選べ。

(1) デジタル信号の「0」と「1」に応じて、搬送波の振幅を変化させる方式を □ A □ という。

(2) デジタル信号の「0」と「1」に応じて、搬送波の周波数を変化させる方式を □ B □ という。

(3) デジタル信号の「0」と「1」に応じて、搬送波の位相を変化させる方式を □ C □ という。

	A	B	C
1	ASK	FSK	PSK
2	ASK	PSK	FSK
3	FSK	PSK	ASK
4	FSK	ASK	PSK
5	PSK	FSK	ASK

A-7 次の記述は、スーパヘテロダイン受信機に高周波増幅器を設ける目的について述べたものである。このうち誤っているものを下の番号から選べ。

1 影像周波数による混信妨害を軽減する。

─────────────────────────────

答 A-4：**4** A-5：**2** A-6：**1**

2 信号対雑音比（S/N）を良くする。

3 近接周波数による混信妨害を軽減する。

4 感度を良くする。

5 局部発振器から発生する高周波がアンテナから放射されるのを防ぐ。

A-8 次の記述は、FM（F3E）受信機のスケルチ回路について述べたものである。このうち、正しいものを下の番号から選べ。

1 受信電波がないとき、又は極めて弱いときに生ずる雑音を抑圧するための回路である。

2 フェージングなどによる振幅変調成分を取り除くための回路である。

3 入力信号の周波数変化から音声信号を取り出すための回路である。

4 送信機と受信機の周波数の同期をとるための回路である。

5 復調された音声信号の明りょう度を上げるための回路である。

A-9 次の記述は、デジタル通信に用いられるビットレートについて述べたものである。□□内に入れるべき字句の正しい組合せを下の番号から選べ。

(1) デジタル通信における $\boxed{\text{A}}$ を表す。

(2) 通常、単位記号は $\boxed{\text{B}}$ で表される。

(3) 1秒間に伝送される $\boxed{\text{C}}$ を示す。

	A	B	C
1	符号誤り率	〔bps〕または〔bit/s〕	2進符号の数
2	符号誤り率	〔J/s〕または〔W〕	熱エネルギー
3	伝送速度	〔bps〕または〔bit/s〕	熱エネルギー
4	伝送速度	〔bps〕または〔bit/s〕	2進符号の数
5	伝送速度	〔J/s〕または〔W〕	熱エネルギー

A-10 次の記述は、捜索救助用レーダートランスポンダ（SART）について述べたものである。□□内に入れるべき字句の正しい組合せを下の番号から選べ。

(1) SARTの使用周波数帯は、捜索側の船舶又は航空機に装備されているレーダーと同じ $\boxed{\text{A}}$ 帯である。

(2) 捜索側の船舶又は航空機がSARTの電波を受信すると、そのレーダーの表示器上に $\boxed{\text{B}}$ 個の輝点列が表示される。

$\boxed{答}$ A-7：**3** A-8：**1** A-9：**4**

(3) 捜索側の船舶又は航空機のレーダーの表示器上に表される輝点列によって、SART
までの C を知ることができる。

	A	B	C
1	6〔GHz〕	12	方位のみ
2	6〔GHz〕	18	方位のみ
3	6〔GHz〕	12	距離及び方位
4	9〔GHz〕	18	方位のみ
5	9〔GHz〕	12	距離及び方位

A－11 次の記述は、電池について述べたものである。 内に入れるべき字句の正し
い組合せを下の番号から選べ。なお、同じ記号の 内には同じ字句が入るものとする。
(1) 繰り返し充電したり、放電したりすることができる電池を A という。
(2) A の一つである鉛蓄電池の電解液は、 B が用いられる。
(3) 鉛蓄電池の電解液の比重は、放電が進むと、 C くる。

	A	B	C
1	二次電池	希硫酸	上がって
2	二次電池	希硫酸	下がって
3	二次電池	希塩酸	上がって
4	一次電池	希硫酸	下がって
5	一次電池	希塩酸	上がって

A－12 次の記述は、一般的な導波管の特徴について述べたものである。 内に入れ
るべき字句の正しい組合せを下の番号から選べ。
(1) 主として、 A の伝送路として用いられる。
(2) 導波管の内部は、 B である。
(3) 電波は導波管の外壁から放射 C 。

	A	B	C
1	超短波（VHF）帯	磁性体	される
2	超短波（VHF）帯	中空	されない
3	マイクロ波（SHF）帯	磁性体	される
4	マイクロ波（SHF）帯	中空	されない
5	マイクロ波（SHF）帯	中空	される

答 A－10：5　　A－11：2　　A－12：4

A－13　次の記述は、一般的なオシロスコープとスペクトルアナライザの取り扱い等について述べたものである。□□□内に入れるべき字句の正しい組合せを下の番号から選べ。

(1) オシロスコープの画面は、横軸が□A□で縦軸が信号の大きさ（電圧）である。

(2) スペクトルアナライザの画面は、横軸が□B□で縦軸が信号成分の大きさである。

(3) 送信機の出力に含まれるスプリアス成分を計測するには、□C□が用いられる。

	A	B	C
1	時間	位相差	オシロスコープ
2	時間	周波数	スペクトルアナライザ
3	時間	周波数	オシロスコープ
4	周波数	時間	オシロスコープ
5	周波数	時間	スペクトルアナライザ

B－1　次は、論理回路（図記号）とそのタイミングチャートの組合せを示したものである。このうち正しいものを1、誤っているものを2として解答せよ。ただし、正論理とし、A及びBを入力、Xを出力とする。

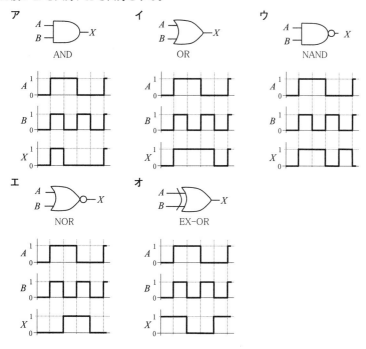

B - 2　次の記述は、GPS（Global Positioning System）について述べたものである。
□□□内に入れるべき字句を下の番号から選べ。

(1)　GPS衛星は、高度が約□ア□の六つの円軌道上に配置されている。

(2)　GPS衛星は、軌道上を約□イ□周期で周回している。

(3)　測位に使用している周波数は□ウ□帯である。

(4)　測位のためには、GPS受信機内部の時計の時間誤差の補正を含め、通常□エ□個
の衛星からの電波を受信する必要がある。

(5)　GPS衛星からの信号に含まれている□オ□情報と、それぞれの衛星の軌道情報か
ら受信点の位置を測定することができる。

1　20,000〔km〕	2　12時間	3　極超短波（UHF）	4　2	5　姿勢
6　36,000〔km〕	7　24時間	8　超短波（VHF）	9　4	10　時刻

B - 3　次の記述は、AM（A3E）通信方式と比べたときのFM（F3E）通信方式の一般
的な特徴について述べたものである。このうち正しいものを1、誤っているものを2とし
て解答せよ。

ア　パルス性雑音の影響を受けやすい。

イ　主に超短波（VHF）帯及び極超短波（UHF）帯の周波数帯で用いられる。

ウ　同一周波数の妨害波があっても、希望波が妨害波よりある程度強ければ妨害波を抑
圧して通信ができる。

エ　受信電波の強度があるレベル以下になると、受信機出力の信号対雑音比（S/N）が
急激に悪くなる。

オ　占有周波数帯幅が狭い。

B - 4　次の記述は、図に示すアンテナについて述べたものである。□□□内に入れるべ
き字句を下の番号から選べ。

(1)　このアンテナの名称は、□ア□アンテナである。

(2)　同軸給電線の内部導体に□イ□の長さ l の中心導体
を接続し、同じ長さ l の導体を同軸給電線の外部導体
の外側にかぶせて給電点で接続したものである。

(3)　このアンテナを大地に垂直に設置したとき、水平面
内の指向性は、□ウ□である。

(4)　利得は、半波長ダイポールアンテナの利得□エ□大きさである。

答　B - 2：ア - 1　イ - 2　ウ - 3　エ - 9　オ - 10

　　　B - 3：ア - 2　イ - 1　ウ - 1　エ - 1　オ - 2

(5) 通常、 オ 帯などの周波数で使用される。

1	ブラウン	2	1/2 波長	3	全方向性	4	とほぼ同じ
5	長波（LF）	6	スリーブ	7	1/4 波長	8	8 字形
9	のほぼ 2 倍の	10	超短波（VHF）、極超短波（UHF）				

B-5　次の記述は、超短波（VHF）帯の電波の海上伝搬等について述べたものである。
　　　内に入れるべき字句を下の番号から選べ。なお、同じ記号の　　　内には同じ字句
が入るものとする。

(1) 見通し距離内では、受信波は、 ア と海面からの反射波とが合成されたものであ
る。

(2) (1)のため、 ア と海面からの反射波が イ で合成されると、受信点の電界強度
は、弱められる。

(3) 標準大気中では、幾何学的見通し距離よりも遠方まで伝搬 ウ 。

(4) 障害物の裏側に回り込む電波は、 エ という。

(5) 夏季に電離層に オ が突発的に発生すると、電波は見通し距離の外まで伝搬する
ことがある。

1	F 層からの反射波	2	逆相	3	する	4	定在波
5	D 層	6	直接波	7	同相	8	しない
9	回折波	10	スポラジック E 層（E_S 層）				

答　B-4：ア-6　イ-7　ウ-3　エ-4　オ-10
　　　B-5：ア-6　イ-2　ウ-3　エ-9　オ-10

▶解答の指針───────────────────────

A-1

1　〔T〕（テスラ）は、**磁束密度**の単位である。

A-2

(1)　ゲート層の構造が金属（M）、**酸化物**（O）、半導体（S）の順になっているので、MOSFET という。

(2)　ゲートに正の電位を与えると、ゲート電極に電子が引き寄せられ、ソース・ドレイン間に **n** 形のチャネルが形成され、伝導性が生じて電流が流れる。

(3)　図に示す FET は **n** チャネル FET である。

A-3

交流回路の有効電力（消費電力）P は、V〔V〕、I〔A〕及び力率 $\cos\theta$ を用いて次式で表され、題意の数値を用いて次のようになる。

$$P = VI\cos\theta = 100 \times 4 \times 0.8 = 320 \text{〔W〕}$$

A-5

2　（寄生振動は増幅器の入出力間の不要な結合等により発振回路を形成することにより生ずるものであり、）同じ周波数を多段増幅する回路で**も発生する**。

A-6

(1)　デジタル信号の「0」と「1」に応じて、搬送波の振幅を変化させる方式を <u>ASK</u>（Amplitude Shift Keying）という。

(2)　デジタル信号の「0」と「1」に応じて、搬送波の周波数を変化させる方式を <u>FSK</u>（Frequency Shift Keying）という。

(3)　デジタル信号の「0」と「1」に応じて、搬送波の位相を変化させる方式を <u>PSK</u>（Phase Shift Keying）という。

A-7

3　**混変調と相互変調**による混信妨害を軽減する。

A-8

スケルチ回路の記述は、1 であり、他は次の回路の記述である。

2　リミッタ（FM 受信機）

3　周波数弁別器（FM 受信機）

4　トーン発信器（SSB受信機）

5　スピーチクラリファイア（SSB受信機）

A-9

(1)　ビットレートは、デジタル通信の伝送速度を表す単位である。

(2)　1秒間に何ビットのパルスを送れるかを示すもので単位記号は〔bps〕または〔bit/s〕である。

(3)　1秒間に送られる2進符号の数である。

A-10

　捜索救助用レーダートランスポンダ（SART）はGMDSSの一種であって、生存艇（遭難艇）に装備され、捜索船舶又は救難航空機の9〔GHz〕帯のレーダー電波を待ち受け、受信すると応答信号を出すことによって遭難場所を通報するシステムである。送信アンテナの指向性は、受信位置が不定であるから、全方向性である。応答信号は、同じ周波数帯の周波数9200〜9500〔MHz〕の300〔MHz〕にわたり、のこぎり波形状に周波数掃引を12回繰り返す電波である。レーダー指示器上に表示される12個の輝点列からSARTの距離及び方位を知ることができる。SARTの電池は、96時間の待受状態の後、1〔ms〕の周期でレーダー電波を受信した場合に、連続8時間の動作に支障のない十分な容量が要求されている。

B-1

　誤った組み合わせは**ウ、エ及びオ**である。それらに対応した正しいタイミングチャーチは次のとおり。

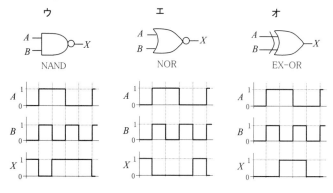

B - 2

(1)　GPS衛星は、高度が約20,000〔km〕の六つの円軌道上に配置されている。

(2)　GPS衛星は、軌道上を約12時間周期で周回している。

(3)　測位に使用している周波数は、1.2と1.5〔GHz〕帯の極超短波（UHF）帯である。

(4)　測位のためには、GPS受信機内部の時計の時間誤差の補正のための1個を含め、通常、4個の衛星からの電波を受信して測位する必要がある。

(5)　GPS衛星からの信号に含まれている時刻情報と、それぞれの衛星の軌道情報から受信点の位置を測定することができる。

B - 3

ア　パルス性雑音の影響を受けにくい。

オ　占有周波数帯幅が広い。

B - 5

(1)　見通し距離内の伝搬において受信波は直接波と海面反射波との合成波となる。

(2)　(1)では、直接波と海面反射波が逆相で合成されると受信電界は弱められる。

(3)　標準大気中では、屈折率が高度とともに減少するので電波通路が上に凸になり、幾何学的見通し距離よりも遠方まで伝搬する。

(4)　障害物の裏側に回り込む電波は、回折波という。

(5)　夏季、電離層にスポラジックE層（Es層）が発生すると電波は遠方まで伝搬することがある。

A－1　次の記述は、磁石の性質等について述べたものである。□□内に入れるべき字句の正しい組合せを下の番号から選べ。

(1) 図1に示すように、二つの磁石 M_1 及び M_2 それぞれの S 極を互いに近づけると、M_1 と M_2 の間には、__A__ が働く。

(2) 図2に示すように、磁石 M_1 の S 極を鉄片 Fe に近づけると、鉄片 Fe の磁石 M_1 に近い部分に磁極の__B__が現れる。

(3) (2)のように、鉄片 Fe に磁極が現れる現象を__C__現象という。

	A	B	C
1	吸引力	S 極	電磁誘導
2	吸引力	N 極	磁気誘導
3	反発力	S 極	電磁誘導
4	反発力	N 極	電磁誘導
5	反発力	N 極	磁気誘導

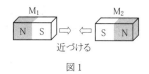

図1

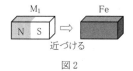

図2

A－2　次の記述は、図に示すトランジスタ（Tr）のベース接地電流増幅率 α とエミッタ接地電流増幅率 β について述べたものである。このうち誤っているものを下の番号から選べ。

1　α は、$\alpha < 1$ である。

2　α は、$\alpha = I_C/I_E$ である。

3　I_C は、$I_C = I_E + I_B$ である。

4　β は、$\beta = I_C/I_B$ である。

5　β を α で表すと、$\beta = \alpha/(1-\alpha)$ である。

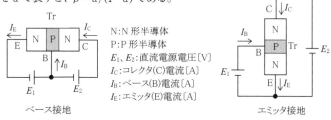

N:N 形半導体
P:P 形半導体
E_1、E_2:直流電源電圧〔V〕
I_C:コレクタ(C)電流〔A〕
I_B:ベース(B)電流〔A〕
I_E:エミッタ(E)電流〔A〕

ベース接地　　　　　　　　　　　　　　　　エミッタ接地

A-3 次の記述は、図に示す抵抗 R、容量リアクタンス X_C 及び誘導リアクタンス X_L の並列回路について述べたものである。_____内に入れるべき字句の正しい組合せを下の番号から選べ。ただし、回路は共振状態にあるものとする。

(1) X_L に流れる電流 $\dot{I}_L$ の大きさは、_____ A _____〔mA〕である。

(2) 交流電圧 $\dot{V}$ から流れる電流 $\dot{I}_0$ の大きさは、_____ B _____〔mA〕である。

(3) $\dot{V}$ と $\dot{I}_0$ の位相差は、_____ C _____〔rad〕である。

	A	B	C
1	20	2	0
2	20	22	$\pi/2$
3	100	10	$\pi/2$
4	100	10	0
5	100	2	0

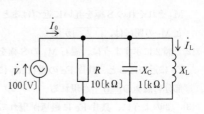

A-4 次の記述は、送信機等に用いられる発振器の周囲温度や湿度及び負荷の変化による発振周波数の変動の原因とその防止策について述べたものである。_____内に入れるべき字句の正しい組合せを下の番号から選べ。

(1) 温度や湿度が変化すると、共振回路のインピーダンスが変化し、発振周波数が変動する。これを防ぐには、水晶発振器では、水晶振動子を含む発振回路等を_____ A _____に入れる方法がある。

また、自励発振器では、共振回路の部品を温度や湿度の影響を受けない場所に置く等の方法がある。

(2) 発振器に結合する負荷の入力インピーダンスや結合度が変化すると、共振回路のインピーダンスが変化し、発振周波数が変動する。これを防ぐには、発振器と負荷との間の結合を_____ B _____にしたり、_____ C _____を用いる方法がある。

	A	B	C
1	恒温槽	疎	緩衝増幅器
2	恒温槽	密	励振増幅器
3	電磁遮蔽箱	疎	緩衝増幅器
4	電磁遮蔽箱	密	緩衝増幅器
5	電磁遮蔽箱	疎	励振増幅器

A-5 次の記述は、DSB（A3E）送信機に必要な条件について述べたものである。このうち、誤っているものを下の番号から選べ。

1 一般的に、電力効率が高いこと。

2 発射される電波の占有周波数帯幅は、許容値内であること。

答　A-3：4　　A-4：1

3 スプリアス発射が少なく、その強度が許容値内であること。

4 送信機からアンテナ系に供給される電力は、安定かつ適正であり、常に許容される偏差内に保たれていること。

5 送信される電波の周波数は、正確かつ安定であり、常に許容される偏差以上であること。

A-6 周波数 f_C〔Hz〕の搬送波を最高周波数が f_S〔Hz〕の信号で周波数変調したときの占有周波数帯幅 B〔Hz〕を表す近似式として、適切なものを下の番号から選べ。ただし、最大周波数偏移を Δf〔Hz〕とし、変調指数 mf は、$1 < mf < 10$ とする。

1 $B \fallingdotseq 2(\Delta f - f_S)$ 〔Hz〕

2 $B \fallingdotseq 2(\Delta f + f_S)$ 〔Hz〕

3 $B \fallingdotseq 2(\Delta f + f_C)$ 〔Hz〕

4 $B \fallingdotseq \Delta f + f_S$ 〔Hz〕

5 $B \fallingdotseq \Delta f - f_S$ 〔Hz〕

A-7 次の記述は、図に示すスーパヘテロダイン受信機（A3E）の原理的な構成例について述べたものである。□□内に入れるべき字句の正しい組合せを下の番号から選べ。なお、同じ記号の□□内には、同じ字句が入るものとする。

(1) 受信周波数 f_C は、局部発振器と □A□ によって、中間周波数 f_I に変換される。

(2) 一般に、中間周波数 f_I は、受信周波数 f_C よりも □B□ 周波数である。

(3) 検波器は、振幅変調された信号から、□C□ 信号を取り出す。

	A	B	C
1	周波数弁別器	高い	同期
2	周波数弁別器	低い	音声
3	周波数弁別器	高い	音声
4	周波数混合器	低い	音声
5	周波数混合器	高い	同期

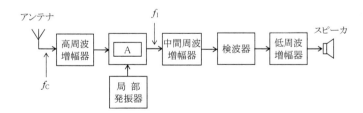

〔**答**〕 A-5：5   A-6：2   A-7：4

A－8 次の記述は、受信機の性能について述べたものである。□□□内に入れるべき字句の正しい組合せを下の番号から選べ。

(1) 受信した信号波を受信機の出力側で、どれだけ正確に元の信号波に再現できるかを表す能力を、□A□という。

(2) 周波数の異なる数多くの電波の中から、目的とする電波だけを選び出すことができるかを表す能力を、□B□という。

(3) どの程度まで弱い電波を受信することができるかを表す能力を、□C□という。

	A	B	C
1	安定度	感度	忠実度
2	安定度	選択度	感度
3	忠実度	選択度	感度
4	忠実度	感度	安定度
5	忠実度	選択度	安定度

A－9 次の記述は、DSB（A3E）通信方式と比べたときのSSB（J3E）通信方式の一般的な特徴について述べたものである。

□□□内に入れるべき字句の正しい組合せを下の番号から選べ。ただし、同じ音声信号を伝送するものとする。

(1) 占有周波数帯幅は、ほぼ□A□である。

(2) 選択性フェージングの影響が□B□。

(3) 送信電力が□C□。

	A	B	C
1	1/2	大きい	大きくなる
2	1/2	小さい	小さくてすむ
3	1/3	小さい	大きくなる
4	1/3	大きい	大きくなる
5	1/3	小さい	小さくてすむ

A－10 次の記述は、船舶用パルスレーダーの受信部に用いられる回路について述べたものである。□□□内に入れるべき字句の正しい組合せを下の番号から選べ。

(1) 雨や雪からの反射の影響を小さくするために用いられるのは、□A□回路である。

(2) 海上が荒れていて近距離の海面からの反射波が強いとき、その影響を小さくするために用いられるのは、□B□回路である。

(3) 大きな物標から連続した強い反射波があるとき、それに重なった微弱な信号が失われることがある。これを防ぐために、□C□回路により、中間周波増幅器の利得を制御する。

	A	B	C
1	STC	IAGC	FTC
2	FTC	STC	IAGC
3	IAGC	FTC	STC
4	IAGC	STC	FTC
5	FTC	IAGC	STC

答 A－8：3　A－9：2　A－10：2

A-11　次の記述は、鉛蓄電池の取扱い等について述べたものである。このうち誤っているものを下の番号から選べ。

1　電解液は、常に電極板が露出しないようにしておく。
2　直射日光の当たる場所に放置しない。
3　放電終止電圧以下では使用しない。
4　充電中には水素と酸素が発生する。
5　充電は、規定電流より大きな電流で行う。

A-12　給電線上の定在波電圧を測定したところ、図に示すように最大値 V_{max} が24〔V〕、最小値 V_{min} が15〔V〕であった。このときの電圧定在波比（VSWR）の値として、正しいものを下の番号から選べ。

1　1.0　　　2　1.2
3　1.4　　　4　1.6
5　1.8

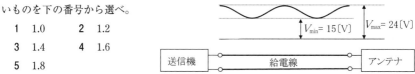

A-13　次に示す電流計（指示電気計器）のうち、高周波電流の測定に最も適しているものを下の番号から選べ。

1　熱電対形の電流計
2　誘導形の電流計
3　永久磁石可動コイル形の電流計
4　空心電流力計形の電流計
5　可動鉄片形の電流計

B-1　次の記述は、増幅回路に負帰還をかけた場合の一般的な効果について、かけない場合との比較を述べたものである。このうち正しいものを1、誤っているものを2として解答せよ。

ア　利得が増加する。
イ　増幅回路の内部で発生するひずみや雑音が増加する。
ウ　温度や電源電圧の変動などに対して増幅回路の利得が安定になる。
エ　入出力のインピーダンスは変化しない。
オ　利得の周波数特性を改善する（帯域幅を広げる）ことができる。

答　　A-11：5　　　A-12：4　　　A-13：1
　　　B-1：ア-2　イ-2　ウ-1　エ-2　オ-1

B - 2　次の記述は、コスパス・サーサットシステムを利用した衛星非常用位置指示無線標識（衛星 EPIRB）について述べたものである。◻◻◻内に入れるべき字句を下の番号から選べ。

(1)　コスパス・サーサットシステムの衛星のうち、低軌道衛星は ◻ ア ◻ 衛星である。

(2)　衛星 EPIRB は、衛星向けの ◻ イ ◻〔MHz〕帯及び航空機がホーミングするための 121.5〔MHz〕の電波を送信する。

(3)　衛星 EPIRB の位置は、低軌道衛星で受信した衛星 EPIRB の電波の ◻ ウ ◻ の情報等から求めることができる。

(4)　フロート・フリー型の衛星 EPIRB は、船舶が沈没したときには ◻ エ ◻ によって自動的に離脱し浮上する。

(5)　低軌道衛星によるカバー範囲は、◻ オ ◻ である。

1	極軌道周回	2	406	3	ドプラ偏移	4	水温	5　赤道の周囲
6	準天頂	7	9,000	8	振幅	9	水圧	10　地球全域

B - 3　次の記述は、デジタル変調について述べたものである。◻◻◻内に入れるべき字句を下の番号から選べ。なお、同じ記号の◻◻◻内には、同じ字句が入るものとする。

(1)　ASK は、入力信号によって、搬送波の ◻ ア ◻ が変化する方式をいう。

(2)　FSK は、入力信号によって、搬送波の ◻ イ ◻ が変化する方式をいう。

(3)　PSK は、入力信号によって、搬送波の ◻ ウ ◻ が変化する方式をいう。

(4)　PSK のうち、◻ ウ ◻ が2種類変化するのを ◻ エ ◻ という。

(5)　QAM は、入力信号によって、搬送波の ◻ オ ◻ が変化する方式をいう。

1	進行速度	2	周波数	3	進行方向	4	BPSK	5　振幅と位相
6	振幅	7	周波数と位相	8	位相	9	QPSK	10　PCM

B - 4　次の記述は、図に示す3素子八木・宇田アンテナ（八木アンテナ）の原理について述べたものである。◻◻◻内に入れるべき字句を下の番号から選べ。なお、同じ記号の◻◻◻内には、同じ字句が入るものとする。

(1)　放射器の前後に無給電素子を配置して、一方向に電波を放射するようにしたアンテナであり、放射器には、半波長ダイポールアンテナ又は ◻ ア ◻ 半波長ダイポールアンテナが用いられる。

答　　B - 2：ア - 1　　イ - 2　　ウ - 3　　エ - 9　　オ - 10

　　　B - 3：ア - 6　　イ - 2　　ウ - 8　　エ - 4　　オ - 5

(2) 放射器から イ 波長の位置に半
波長より少し長い無給電素子の
ウ が、また、反対側に放射器か
ら イ 波長の位置に半波長より少
し短い無給電素子の エ が配置さ
れている。

(3) このアンテナは指向性を有してお
り、主放射方向は、図中の①及び②
のうち、 オ の方向である。

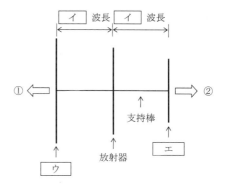

1 ② 2 増幅器 3 平面反射板付 4 導波器 5 約1/2

6 ① 7 反射器 8 折返し 9 発振器 10 約1/4

B-5 次の記述は、電離層波の伝搬について述べたものである。 内に入れるべき
字句を下の番号から選べ。

(1) 臨界周波数は、周波数を変えて地上から ア 電波を発射し、電離層で反射されて
戻ってきた電波のうち最も高い周波数である。

(2) 最高使用可能周波数（MUF）は、臨界周波数より イ である。

(3) 最高使用可能周波数（MUF）は、送受信点間の ウ 。

(4) 最低使用可能周波数（LUF）以下の周波数の電波は、周波数が低くなるに伴って
電離層での減衰が急激に エ する。

(5) 最適使用周波数（FOT）は、最高使用可能周波数（MUF）の オ の周波数をいう。

1 水平から45度の方向に 2 低い周波数 3 距離によって変わる

4 増加 5 85〔%〕

6 垂直方向に 7 高い周波数 8 距離によって変わらない

9 減少 10 50〔%〕

答 B-4：ア-8 イ-10 ウ-7 エ-4 オ-1
B-5：ア-6 イ-7 ウ-3 エ-4 オ-5

▶解答の指針

A－1

(1) 図1のように同種の磁極は近づけると反発し、その力は反発力である。

(2) 図2のように M_1 の S 極を Fe の鉄片に近づけると M_1 に近い鉄片の部分に反対の N 極が現れる。

(3) (2)のように磁性体である Fe の鉄片を磁界中に置くと磁極が現れる現象は磁気誘導現象である。

A－2

3　I_C は、キルヒホッフの第1法則から、$I_C = I_E - I_B$ である。

A－3

(1) 共振状態であり、$X_L = X_C = 1$〔kΩ〕であるから、X_L に流れる電流 $\dot{I}_L$ は、$\dot{I}_L = V/X_L = 100/(1 \times 10^3) = 0.1 = 100$〔mA〕である。

(2) 交流電源 $\dot{V}$ から流れる電流 $\dot{I}_0$ は、共振状態であるから、$\dot{I}_0 = V/R = 100/(10 \times 10^3) = 0.01 = 10$〔mA〕である。

(3) $\dot{V}$ と $\dot{I}_0$ の位相差は、共振状態であるから、0〔rad〕である。

A－5

5　送信される電波の周波数は、正確かつ安定であり、常に許容される偏差内に保たれていること。

A－6

　占有周波数帯幅 B は、最大周波数偏移を Δf〔Hz〕、最高変調周波数を f_s〔Hz〕として、次の近似式で与えられる。

$$B \fallingdotseq 2(\Delta f + f_s) \text{〔Hz〕}$$

A－7

(1) 受信周波数 f_C は、局部発振器と周波数混合器によって、中間周波数 f_I に変換される。

(2) 希望波を安定的に増幅しやすいように、一般に中間周波数 f_I は受信周波数より低い周波数が選ばれる。

(3) 検波器は振幅変調された信号から音声信号を取り出す。

A－9

(1)　占有周波数帯幅は、ほぼ1/2である。

(2)　占有周波数帯幅が狭いので選択性フェージングの影響が小さい。

(3)　搬送波が抑圧され一方の側帯波のみ送信されるので送信電力が小さくてすむ。

A－10

(1)　FTC は、雨雪反射制御回路とも呼ばれ、雨雪などによる物標からの反射波への影響を小さくするための回路である。

(2)　STC は、海面反射制御回路とも呼ばれ、海上が荒れているとき近距離からの強い反射波による影響を軽減するため、近距離の物標からの反射波に対して、より深い増幅器のバイアス電圧を加えて受信機の感度を低くする回路である。

(3)　IAGC は、受信機の瞬間自動利得調節機能のことであり、海面からの強い反射波に重なった微弱な信号を検出するため、瞬時に中間周波増幅器の利得を制御する。

A－11

5　充電は、**規定の電流**で行う。

A－12

給電線上の電圧定在波比 S は、電圧の最大値 $V_{\max}$〔V〕と最小値 $V_{\min}$〔V〕との比で定義され、題意の数値を用いて、$S = 24/15 = 1.6$ である。

B－1

ア　利得が**減少**する。

イ　増幅回路の内部で発生するひずみや雑音が**減少**する。

エ　入出力のインピーダンスは**変化する**。

B－2

極軌道周回衛星であるコスパス・サーサット衛星を用いた衛星 EPIRB は、遭難救助用フロートフリー型のブイであり、そのカバー範囲は地球全域である。船舶沈没時に水圧で離脱、浮上して自動的に信号を発射する。その際のブイからの406〔MHz〕の電波は、50〔s〕の繰り返し周期で送信され、その中にドップラ周波数計測用の無変調信号及び各種の識別データ信号を含んでいる。衛星の受信電波のドプラ偏移の情報などから送信点を決定し、地球局に通報する。送信の始動と停止は手動でもできる。捜索救助を行う航空機は、同時にブイから発射される 121.5〔MHz〕のホーミング電波を受信し、EPIRB の方位を決定する。

B - 3

(1)　ASK は、Amplitude Shift Keying の略で、入力信号によって、搬送波の<u>振幅</u>が変化する方式をいう。

(2)　FSK は、Frequency Shift Keying の略で、入力信号によって、搬送波の<u>周波数</u>が変化する方式をいう。

(3)　PSK は、Phase Shift Keying の略で、入力信号によって、搬送波の<u>位相</u>が変化する方式をいう。

(4)　PSK のうち、<u>位相</u>が 2 種類変化するのを <u>BPSK</u>（Binary Phase Shift Keying）という。

(5)　QAM は、Quadrature Amplitude Modulation の略で、入力信号によって、搬送波の<u>振幅と位相</u>が変化する方式をいう。

B - 4

(1)　放射器の前後に無給電素子を置き、指向性を持たせたアンテナであり、放射器として半波長ダイポールアンテナか<u>折返し</u>半波長ダイポールアンテナを用いる。

(2)　放射器から<u>約1/4</u>波長にあり、長さが半波長より少し長い無給電素子は<u>反射器</u>で、その反対の方向約1/4波長離れた位置にある無給電素子が<u>導波器</u>である。

(3)　アンテナ素子を含む面を大地に平行にしたときの水平面内指向性は、単一指向性であり、主放射方向は図中の<u>②</u>である。

A-1　次の記述は、真空中に置かれた点電荷の周囲の電界について述べたものである。

　　　内に入れるべき字句の正しい組合せを下の番号から選べ。ただし、図に示すように点Pに置かれた Q 〔C〕の点電荷から r 〔m〕離れた点Rの電界の強さ（大きさ）を E 〔V/m〕とする。

(1)　点Pに置かれた点電荷が図に示す Q 〔C〕のとき、点Pから $3r$ 〔m〕離れた点Sの電界の強さ（大きさ）E_S は、　A　〔V/m〕である。

(2)　点Pに置かれた点電荷を図に示す Q 〔C〕から $3Q$ 〔C〕に変えたとき、点Sの電界の強さ（大きさ）E_S は、　B　〔V/m〕である。

	A	B
1	$E/3$	$3E$
2	$E/3$	$E/3$
3	$E/9$	E
4	$E/9$	$3E$
5	$E/9$	$E/3$

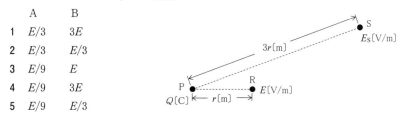

A-2　図に示す交流回路において、負荷の有効電力（消費電力）P が 320〔W〕、負荷の力率 $\cos\theta$ が0.8であるとき、電源から流れる電流 I 〔A〕の値として、正しいものを下の番号から選べ。ただし、電源の電圧 V の値を 100〔V〕とする。

1　8.0〔A〕　　2　6.4〔A〕

3　4.0〔A〕　　4　3.2〔A〕

5　2.6〔A〕

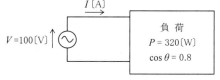

A-3　次の記述は、バイポーラトランジスタと比較したときの電界効果トランジスタ（FET）の一般的な特徴等について述べたものである。このうち誤っているものを下の番号から選べ。

1　電子又は正孔のどちらかのキャリアだけで動作する。

2　電圧で電流を制御する電圧制御素子である。

3　入力インピーダンスが非常に低い。

答　　A-1：5　　A-2：3

4 雑音が少ない。

5 接合形と MOS 形がある。

A-4 SSB（J3E）送信機に用いられないものを下の番号から選べ。

1 平衡変調器 2 トーン発振器

3 周波数弁別器 4 帯域フィルタ（BPF）

A-5 図は、位相同期ループ（PLL）を用いた発振器の原理的な構成例を示したものである。 内に入れるべき字句の正しい組合せを下の番号から選べ。

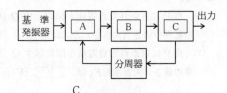

	A	B	C
1	位相比較器（乗算器）	低域フィルタ（LPF）	電力増幅器
2	位相比較器（乗算器）	低域フィルタ（LPF）	電圧制御発振器（VCO）
3	位相比較器（乗算器）	高域フィルタ（HPF）	電力増幅器
4	平衡変調器	高域フィルタ（HPF）	電圧制御発振器（VCO）
5	平衡変調器	低域フィルタ（LPF）	電力増幅器

A-6 図は、FM（F3E）受信機の基本的な構成例を示したものである。 内に入れるべき字句の正しい組合せを下の番号から選べ。

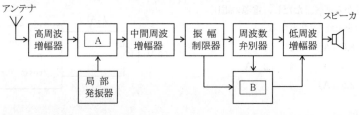

	A	B
1	周波数変調器	スケルチ回路
2	周波数変調器	トーン回路
3	周波数混合器	トーン回路
4	周波数混合器	ゲート回路
5	周波数混合器	スケルチ回路

答 A-3：3 A-4：3 A-5：2 A-6：5

A-7　次の記述は、DSB（A3E）スーパヘテロダイン受信機の高周波増幅器の働きについて述べたものである。　内に入れるべき字句の正しい組合せを下の番号から選べ。

(1)　高周波増幅器は、　A　から生ずる高周波がアンテナから放射されるのを防ぐ。

(2)　高周波増幅器は、感度や　B　を良くする。

(3)　高周波増幅器は、　C　による混信妨害を軽減する。

	A	B	C
1	局部発振器	信号対雑音比（S/N）	影像周波数
2	局部発振器	リプル率	音声周波数
3	局部発振器	リプル率	影像周波数
4	検波器	信号対雑音比（S/N）	音声周波数
5	検波器	リプル率	影像周波数

A-8　次の記述は、図に示す電波の周波数スペクトル分布とその電波型式について述べたものである。　内に入れるべき字句の正しい組合せを下の番号から選べ。ただし、電波は振幅変調の無線電話とする。また、点線部分は電波が出ていないものとする。

(1)　図1に示す周波数スペクトル分布の電波型式は、　A　と記述される。

(2)　図2に示す周波数スペクトル分布の電波型式は、　B　と記述される。

(3)　図3に示す周波数スペクトル分布の電波型式は、　C　と記述される。

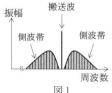
図1

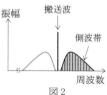
図2

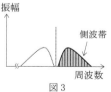
図3

	A	B	C
1	A3E	J3E	H3E
2	H3E	A3E	J3E
3	A3E	H3E	J3E
4	H3E	J3E	A3E
5	J3E	H3E	A3E

答　A-7：1　　A-8：3

A - 9 次の記述は、捜索救助用レーダートランスポンダ（SART）について述べたものである。このうち誤っているものを下の番号から選べ。

1 SART が電波を送信するのは、捜索側の船舶又は航空機から送られた電波を受信したときである。

2 捜索側の船舶又は航空機が SART の電波を受信すると、そのレーダーの表示器上に12個の輝点列が表示される。

3 捜索側の船舶又は航空機のレーダーの表示器上に表示される輝点列によって、SART までの距離及び方位を知ることができる。

4 SART の使用周波数帯は、捜索側の船舶又は航空機に装備されているレーダーと同じ 3〔GHz〕帯である。

5 手動により、動作を開始し、及び停止することができる。

A - 10 次の記述は、図に示すような外観の船舶用レーダーについて述べたものである。□□内に入れるべき字句の正しい組合せを下の番号から選べ。

(1) 最大放射方向は、図の矢印 X、Y 及び Z のうち □ A □ の方向である。

(2) 回転部には一般に、□ B □ アンテナが装着されている。

(3) 垂直面内指向性は、水平面内指向性に比べて □ C □。

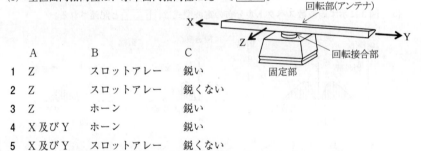

	A	B	C
1	Z	スロットアレー	鋭い
2	Z	スロットアレー	鋭くない
3	Z	ホーン	鋭い
4	X 及び Y	ホーン	鋭い
5	X 及び Y	スロットアレー	鋭くない

A - 11 次の記述は、図に示す電源回路の基本的な構成例について述べたものである。□□内に入れるべき字句の正しい組合せを下の番号から選べ。

(1) 交流電源から必要な大きさの交流電圧を作るのは、□ A □ の回路である。

(2) 交流電圧（電流）から一方向の電圧（電流）を作るのは、□ B □ の回路である。

(3) 整流された大きさが変化する電圧（電流）を、完全な直流電圧（電流）に近づけるのは、□ C □ の回路である。

答 A - 9：4　　A - 10：2

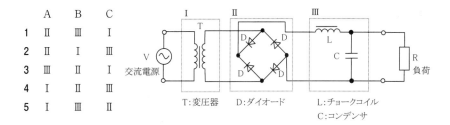

	A	B	C
1	Ⅱ	Ⅲ	Ⅰ
2	Ⅱ	Ⅰ	Ⅲ
3	Ⅲ	Ⅱ	Ⅰ
4	Ⅰ	Ⅱ	Ⅲ
5	Ⅰ	Ⅲ	Ⅱ

T:変圧器　　D:ダイオード　　L:チョークコイル
C:コンデンサ

A−12 次の記述は、図に示す小電力用の同軸給電線について述べたものである。このうち誤っているものを下の番号から選べ。

1　一般に外部導体を接地して用いる。

2　特性インピーダンスは、50〔Ω〕や75〔Ω〕のものが多い。

3　周波数がマイクロ波（SHF）のように高くなると、内部導体の表皮効果により損失が大きくなる。

4　不平衡形の給電線である。

5　図に示す「ア」の部分は、磁性体である。

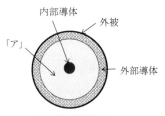

同軸給電線断面

A−13 次の記述は、外形が図に示すようなアナログ式のテスタ（回路計）について述べたものである。　　内に入れるべき字句の正しい組合せを下の番号から選べ。

(1) 指示計器は、　A　計器が使われる。

(2) 通常、測定ができるのは、直流電圧、直流電流、抵抗及び　B　である。

(3) 抵抗測定の時の零（0）オーム調整は、両テストリードの先端を　C　させて行う。

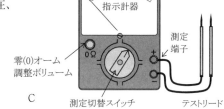

	A	B	C
1	永久磁石可動コイル形	周波数	開放
2	永久磁石可動コイル形	交流電圧	短絡
3	永久磁石可動コイル形	周波数	短絡
4	可動鉄片形	交流電圧	短絡
5	可動鉄片形	周波数	開放

答　　A−11：4　　　A−12：5　　　A−13：2

B−1 次の記述は、図に示す理想的な演算増幅器（A_{OP}）を用いた増幅回路について述べたものである。□内に入れるべき字句を下の番号から選べ。ただし、入力電圧を V_i、出力電圧を V_0 とする。

(1) I_a は、$I_a =$ □ ア □ 〔A〕である。

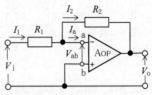

(2) $V_{ab} = 0$〔V〕であるから、V_i = □ イ □ 〔V〕である。

(3) I_1 と I_2 の関係は、□ ウ □ である。

(4) (3)より、V_0 の大きさは、$|V_0|$ = □ エ □ 〔V〕である。

(5) したがって、電圧増幅度 $A =$ $|V_0/V_i|$ は、$A =$ □ オ □ である。

V_{ab}：端子 ab 間の電圧〔V〕 I_a：AOP に流れる電流〔A〕
I_1：R_1 に流れる電流〔A〕 I_2：R_2 に流れる電流〔A〕
R_1, R_2：抵抗〔Ω〕

| 1 | 0（零） | 2 | $I_1 R_1$ | 3 | $I_1 = 2I_2$ | 4 | $2I_1 R_2$ | 5 | R_2/R_1 |
| 6 | V_i/R_1 | 7 | $2I_1 R_1$ | 8 | $I_1 = I_2$ | 9 | $I_1 R_2$ | 10 | R_1/R_2 |

B−2 次は、論理回路の名称と真理値表の組合せを示したものである。このうち正しいものを1、誤っているものを2として解答せよ。ただし、正論理とし、A 及び B を入力、X を出力とする。

ア AND 回路　**イ** OR 回路　**ウ** NAND 回路　**エ** NOR 回路　**オ** NOT 回路

A	B	X
0	0	0
0	1	0
1	0	0
1	1	1

A	B	X
0	0	1
0	1	1
1	0	1
1	1	0

A	B	X
0	0	1
0	1	1
1	0	1
1	1	0

A	B	X
0	0	0
0	1	1
1	0	1
1	1	1

A	X
0	1
1	0

B−3 次の記述は、AM（A3E）通信方式と比べたときの FM（F3E）通信方式の一般的な特徴について述べたものである。□内に入れるべき字句を下の番号から選べ。

(1) 占有周波数帯幅が □ ア □。

(2) パルス性雑音の影響を □ イ □。

(3) 主に □ ウ □ の周波数帯で多く用いられる。

(4) 同一周波数の妨害波があった場合、希望波が妨害波よりある程度 □ エ □。

(5) 受信電波の強度があるレベル □ オ □ になると、受信機出力の信号対雑音比（S/N）が急激に悪くなる。

□答□　B−1：ア−1　イ−2　ウ−8　エ−9　オ−5

　　　　B−2：ア−1　イ−2　ウ−1　エ−2　オ−1

1　狭い　　　2　受けやすい　　　3　中波（MF）帯及び短波（HF）帯
4　強ければ妨害波を抑圧して通信ができる　　　5　以下
6　広い　　　7　受けにくい　　　8　超短波（VHF）帯及び極超短波（UHF）帯
9　強くても妨害波を抑圧できず通信ができない　　　10　以上

B－4　次の記述は、図に示す原理的な構造の円形パラボラアンテナについて述べたものである。このうち、正しいものを1、誤っているものを2として解答せよ。

ア　一次放射器は、反射鏡の焦点に置かれる。

イ　反射鏡には、回転放物面が用いられる。

ウ　反射鏡で反射された電波は、ほぼ球面波となって空間に放射される。

エ　波長に比べて開口面の直径が大きくなるほど、利得は大きくなる。

オ　一般に、マイクロ波（SHF）帯の周波数では用いられない。

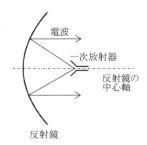

B－5　次の記述は、電離層について述べたものである。　　　内に入れるべき字句を下の番号から選べ。

⑴　D層は、　ア　する。

⑵　E層は、D層より　イ　ところに生ずる。

⑶　スポラジックE層（Es層）は、超短波（VHF）帯の電波の異常伝搬の原因と　ウ　。

⑷　F層の最大電子密度は、D層の　エ　。

⑸　F層は、一般に　オ　の電波を反射する。

1　夜間に生じ、昼間には消滅　　　2　低い　　　　　　　　　3　なる
4　最大電子密度より高い　　　　　5　マイクロ波（SHF）帯
6　昼間に生じ、夜間には消滅　　　7　高い　　　　　　　　　8　ならない
9　最大電子密度より低い　　　　　10　短波（HF）帯

答　　B－3：ア－6　イ－7　ウ－8　エ－4　オ－5
　　　B－4：ア－1　イ－1　ウ－2　エ－1　オ－2
　　　B－5：ア－6　イ－7　ウ－3　エ－4　オ－10

▶解答の指針

A-1

点電荷 Q〔C〕が距離 r〔m〕離れた点につくる電界強度 E は、誘電率 ε〔F/m〕として次式となる。

$$E = Q/(4\pi\varepsilon r^2) \ \text{〔V/m〕}$$

(1) 点Pでの点電荷 Q による点Sでの電界強度 E_S は、距離が3倍であるから上式より E の1/9倍すなわち <u>$E/9$</u>〔V/m〕となる。

(2) 点Pでの点電荷を $3Q$ とした場合、点Sでの電界強度 E_S は、(1)の3倍、すなわち <u>$E/3$</u>〔V/m〕である。

A-2

交流回路の有効電力（消費電力）P は、V〔V〕、I〔A〕及び力率 $\cos\theta$ を用いて次式で表される。

$$P = VI\cos\theta \ \text{〔W〕}$$

したがって、I は次式で求められる。

$$I = \frac{P}{V\cos\theta} = \frac{320}{100\times0.8} = 4.0 \ \text{〔A〕}$$

A-3

3 入力インピーダンスが非常に**高い**。

A-4

3 **周波数弁別器**は、FM受信機で復調器として用いられる回路である。

A-5

□ A □ の<u>位相比較器（乗算器）</u>の出力には高周波成分や雑音を含むので、□ B □ の<u>低域フィルタ（LPF）</u>で取り除き、誤差電圧のみを取り出す。

□ C □ は低域フィルタの出力に応じて周波数を変化させた信号を作る<u>電圧制御発振器（VCO）</u>である。

A-7

(1) 局部発振器から副次的に生じる不要発射がアンテナから漏れるのを防ぐ。

(2) 受信機の出力端のS/Nは初段のS/Nで決まるので、高周波増幅器を設けその入力段に低雑音素子を用い、感度や<u>信号対雑音比（S/N）</u>を良くする。

(3) 同調回路により<u>影像周波数</u>による混信妨害を抑圧する。

A－8

A：搬送波を有し、両方の側波帯が存在しているので、A3E。

B：搬送波を有し、片方の側波帯のみ存在しているので、H3E。

C：搬送波がなく、片方の側波帯のみ存在しているので、J3E。

A－9

4　SART の使用周波数帯は、捜索側の船舶又は航空機に装備されているレーダーと同じ **9〔GHz〕**帯である。

A－10

(1)　最大放射方向は、図の矢印 X、Y 及び Z のうち Z の方向である。

(2)　回転部には一般に、スロットアレーアンテナが装着されている。

(3)　垂直面内指向性は、水平面内指向性に比べて鋭くない。

【解説】

　船舶用レーダーに用いられるスロットアレーアンテナは、TE$_{10}$ モードで励振される方形導波管（X－Y 方向）の短辺の側面に管内波長 λ_g の1/2の間隔で交互に角度を変えたスロットをアレー状に設けたアンテナである。隣り合う一対のスロットから放射される電波の合成電界の水平成分は同位相で加わり合い、垂直成分は逆位相となり相殺されて、結果として水平偏波を放射する。

A－12

5　図に示す「ア」の部分は、**誘電体**である。

A－13

　テスタは、永久磁石可動コイル形計器の一種で、直流電圧、直流電流、抵抗及び整流器を併用した交流電圧の測定に利用され、多目的かつ簡易さに特長がある。抵抗測定のときには、支持計器のスケール校正のためにテスタ棒の短絡による零オーム調整が必要である。

B－1

(1)　演算増幅器の入力インピーダンスは∞として扱うので、I_a は、$I_a = 0$（零）〔A〕である。

(2)　$V_{ab} = 0$〔V〕であるから、$V_i = I_1 R_1$〔V〕である。

(3)　$I_a = 0$ なので、I_1 と I_2 の関係は、$I_1 = I_2$ である。

(4)　(3)より、V_0 の大きさは、$|V_0| = I_2 R_2 = I_1 R_2$〔V〕である。

(5)　したがって、電圧増幅度 $A = |V_0/V_i|$ は、$A = |I_1 R_2/I_1 R_1| = R_2/R_1$ である。

B - 2

誤っているのは、**イ**及び**エ**であり、正しくは次のとおり。

イ　OR 回路　　　　**エ**　NOR 回路

A	B	X
0	0	0
0	1	1
1	0	1
1	1	1

A	B	X
0	0	1
0	1	0
1	0	0
1	1	0

B - 4

誤っているのは、**ウ**及び**オ**であり、正しくは次のとおり。

ウ　反射鏡で反射された電波は、ほぼ**平面波**となって空間に放射される。

オ　一般に、マイクロ波（SHF）帯の周波数で**多く用いられる**。

B - 5

(1)　D 層は、<u>昼間に生じ、夜間には消滅</u>する。D 層は、E 層の下に現れ、通過する MF、HF 帯電波に減衰を与える。

(2)　E 層は、D 層より<u>高い</u>ところに生じる。

(3)　スポラジック E 層（Es 層）は、とくに夏季に E 層とほぼ同じ高さに現れ、電子密度は周囲より高く超短波（VHF）帯の電波の異常伝搬の原因と<u>なる</u>。

(4)　F 層の最大電子密度は、D 層の<u>最大電子密度より高い</u>。

(5)　F 層は、一般に<u>短波（HF）</u>帯の電波を反射する。

A－1　次の記述は、図に示すように、無限長の直線導線 X に直流電流 I〔A〕が流れて
いるときに X の周囲に生じる磁界について述べたものである。□□内に入れるべき字
句の正しい組合せを下の番号から選べ。ただし、点 P は X から r〔m〕離れた点とする。

(1)　直線導線 X の周囲に生じる磁界の方向は、□A□の法則により求められる。

(2)　点 P の磁界の強さ H〔A/m〕は、I に□B□する。

(3)　点 P の磁界の強さ H〔A/m〕は、r に□C□する。

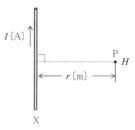

	A	B	C
1	アンペアの右ねじ	比例	反比例
2	アンペアの右ねじ	反比例	比例
3	フレミングの右手	比例	比例
4	フレミングの右手	反比例	比例
5	フレミングの右手	比例	反比例

A－2　図に示す正弦波交流電圧の瞬時値 v を表す式として、正しいものを下の番号から
選べ。

1　$v = 100 \sin 50\pi t$〔V〕

2　$v = 100 \sin 100\pi t$〔V〕

3　$v = 100\sqrt{2} \sin 50\pi t$〔V〕

4　$v = 100\sqrt{2} \sin 100\pi t$〔V〕

5　$v = 100\sqrt{2} \sin 150\pi t$〔V〕

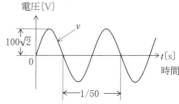

A－3　次の記述は、図に示す PN 接合ダイオードについて述べたものである。□□内
に入れるべき字句の正しい組合せを下の番号から選べ。

(1)　N 形半導体を作るために真性半導体に加える不純物
を、□A□という。

(2)　N 形半導体の多数キャリアは、□B□である。

(3)　図の□C□の電圧を加えると、電流がよく流れる。

P：P 形半導体
N：N 形半導体
PN 接合ダイオード

　答　　A－1：1　　A－2：4

	A	B	C
1	アクセプタ	正孔（ホール）	電極 a に正（＋）、電極 b に負（－）
2	アクセプタ	電子	電極 a に正（＋）、電極 b に負（－）
3	アクセプタ	正孔（ホール）	電極 a に負（－）、電極 b に正（＋）
4	ドナー	正孔（ホール）	電極 a に負（－）、電極 b に正（＋）
5	ドナー	電子	電極 a に正（＋）、電極 b に負（－）

A－4 次の記述は、増幅回路 AP の電圧利得について述べたものである。____内に入れるべき字句の正しい組合せを下の番号から選べ。

(1) 図に示す増幅回路 AP の電圧利得 G は、$G = \boxed{\text{A}} \times \log_{10}(\boxed{\text{B}})$〔dB〕で表される。

(2) したがって、電圧利得 G が 40〔dB〕の増幅回路 AP の電圧増幅度（真数）は、$\boxed{\text{C}}$ である。

	A	B	C
1	20	V_o/V_i	100
2	20	V_i/V_o	100
3	20	V_o/V_i	1,000
4	10	V_o/V_i	100
5	10	V_i/V_o	10,000

入力 V_i AP V_o 負荷抵抗

V_i：入力電圧〔V〕
V_o：出力電圧〔V〕

A－5 次の記述は、増幅回路に負帰還をかけたときの特徴について述べたものである。____内に入れるべき字句の正しい組合せを下の番号から選べ。

(1) 増幅度は、負帰還をかけないときより $\boxed{\text{A}}$ なる。

(2) 利得が一定となる周波数帯域は、負帰還をかけないときより $\boxed{\text{B}}$ なる。

(3) ひずみや雑音は、負帰還をかけないときより $\boxed{\text{C}}$ なる。

	A	B	C
1	大きく	広く	少なく
2	小さく	狭く	多く
3	小さく	狭く	少なく
4	大きく	広く	多く
5	小さく	広く	少なく

答 A－3：5　　A－4：1　　A－5：5

A－6　次の記述は、図に示す DSB（A3E）送信機の構成例について述べたものである。□□□□内に入れるべき字句の正しい組合せを下の番号から選べ。なお、同じ記号の□□□□内には、同じ字句が入るものとする。

(1)　□A□増幅器は、こ
れ以降に設けられた増
幅器等の発振器への影
響を軽減する役割があ
り、一般にひずみの少
ない□B□増幅回路が用いられる。

```
発振器 → A増幅器 → 励振増幅器 → 電力増幅器 → アンテナ

音声入力 ○→ 音声増幅器 → C増幅器
```

	A	B	C
1	緩衝	C級	高周波
2	緩衝	A級	変調
3	緩衝	C級	変調
4	中間周波	A級	変調
5	中間周波	C級	高周波

(2)　励振増幅器は、終段の電力増幅器を励振するのに十分な出力を得るための増幅器である。

(3)　□C□増幅器は、電力増幅器で必要な変調度が得られるように音声信号（低周波）を増幅する。

A－7　次の記述は、図に示す SSB（J3E）波を発生させる原理的な構成例について述べたものである。このうち帯域フィルタ（BPF）について述べたものとして、正しいものを下の番号から選べ。

```
変調信号        平衡変調器        帯域フィルタ
f_S〔Hz〕 → (リング変調器) → (BPF) → SSB(J3E)波

            局部
            発振器
搬送波  f_C〔Hz〕
```

1　搬送波の成分（f_C）を通過させる。

2　上下側波帯成分（$f_C \pm f_S$）の両方と搬送波の成分（f_C）を通過させる。

3　上下側波帯成分（$f_C \pm f_S$）の両方を通過させる。

4　上下側波帯成分（$f_C \pm f_S$）のうち、いずれか一方と搬送波の成分（f_C）を通過させる。

5　上下側波帯成分（$f_C \pm f_S$）のうち、いずれか一方を通過させる。

A－8　次の記述は、図に示す AM（A3E）スーパヘテロダイン受信機の構成例について述べたものである。□□□□内に入れるべき字句の正しい組合せを下の番号から選べ。なお、同じ記号の□□□□内には、同じ字句が入るものとする。

答　A－6：2　　A－7：5

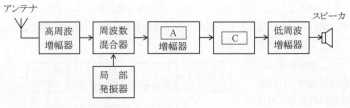

(1) 周波数混合器の出力の周波数は、 A 数といわれる。

(2) 一般に、 A 数は、受信周波数よりも B 周波数である。

(3) C は、振幅変調された信号から音声信号を取り出す。

	A	B	C
1	中間周波	高い	検波器
2	中間周波	低い	変調器
3	中間周波	低い	検波器
4	可聴周波	低い	検波器
5	可聴周波	高い	変調器

A-9 次の記述は、船舶用パルスレーダーにおいて、最大探知距離を長くするための方法について述べたものである。このうち誤っているものを下の番号から選べ。

1 アンテナの設置位置を高くする。

2 アンテナ利得を大きくする。

3 受信機の感度を良くする。

4 パルス幅を狭くし、繰返し周波数を高くする。

5 送信電力を大きくする。

A-10 図は、無停電電源装置（UPS）の浮動充電方式の原理的構成例を示したものである。 内に入れるべき字句の正しい組合せを下の番号から選べ。

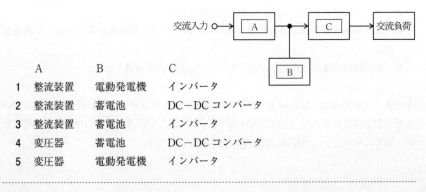

	A	B	C
1	整流装置	電動発電機	インバータ
2	整流装置	蓄電池	DC−DC コンバータ
3	整流装置	蓄電池	インバータ
4	変圧器	蓄電池	DC−DC コンバータ
5	変圧器	電動発電機	インバータ

答 A-8：**3**　　A-9：**4**　　A-10：**3**

A - 11　次の記述は、図に示すスロットアレーアンテナについて述べたものである。
□□□内に入れるべき字句の正しい組合せを下の番号から選べ。ただし、方形導波管は
xy 面が大地と平行で、管内を伝搬する TE$_{10}$ モードの電磁波の管内波長を λ_g〔m〕とする。

(1)　方形導波管の短辺の側面のスロットの間隔（W）は、一般に　 A 　〔m〕である。

(2)　隣り合う一対のスロットから放射される電波の電界の水平成分は同位相となり、垂
直成分は　 B 　となる。

(3)　一般に、　 C 　内のビーム幅は狭く、サイドローブは小さい。

	A	B	C
1	$\lambda_g/2$	同位相	垂直面
2	$\lambda_g/2$	逆位相	水平面
3	$\lambda_g/4$	同位相	水平面
4	$\lambda_g/4$	同位相	垂直面
5	$\lambda_g/4$	逆位相	垂直面

A - 12　次の記述は、アンテナと給電線の接続について述べたものである。このうち誤っ
ているものを下の番号から選べ。ただし、送信機と給電線は、整合しているものとする。

1　アンテナと給電線のインピーダンス整合がとれているとき、給電線の電圧定在波比
（VSWR）の値は、0（零）である。

2　アンテナと給電線のインピーダンス整合がとれているとき、給電線には定在波が生
じない。

3　アンテナと給電線のインピーダンス整合がとれているとき、給電線には反射波が生
じない。

4　アンテナと給電線のインピーダンス整合がとれているとき、給電線からアンテナへ
供給される電力が最大になる。

5　アンテナと給電線のインピーダンス整合がとれているとき、アンテナの入力イン
ピーダンスと給電線の特性インピーダンスは等しい。

　答　　A - 11：2　　　A - 12：1

A-13 次の記述は、一般的なオシロスコープとスペクトルアナライザの取り扱い等について述べたものである。 内に入れるべき字句の正しい組合せを下の番号から選べ。

(1) オシロスコープの画面は、横軸が A で縦軸が信号の大きさ（電圧）である。

(2) スペクトルアナライザの画面は、横軸が B で縦軸が信号成分の大きさである。

(3) 送信機の出力に含まれるスプリアス成分を計測するには、 C が用いられる。

	A	B	C
1	周波数	時間	スペクトルアナライザ
2	周波数	時間	オシロスコープ
3	時間	位相差	スペクトルアナライザ
4	時間	周波数	オシロスコープ
5	時間	周波数	スペクトルアナライザ

B-1 SSB（J3E）受信機で用いられるものを1、用いられないものを2として解答せよ。

ア クラリファイア

イ ディエンファシス回路

ウ IDC回路

エ 帯域フィルタ（BPF）

オ 周波数弁別器

B-2 次の記述は、DSB（A3E）通信方式と比べたときのSSB（J3E）通信方式の一般的な特徴について述べたものである。 内に入れるべき字句を下の番号から選べ。

(1) 搬送波が ア されている。

(2) 送信電力の利用効率が イ 。

(3) 占有周波数帯幅は約 ウ である。

(4) 他局に混信を与える機会が エ なる。

(5) 選択性フェージングの オ 。

1 抑圧	2 良い	3 2分の1	4 少なく	5 影響が多い
6 強調	7 悪い	8 4分の1	9 多く	10 影響が少ない

答 A-13：5

B-1：ア-1 イ-2 ウ-2 エ-1 オ-2

B-2：ア-1 イ-2 ウ-3 エ-4 オ-10

B-3　次の記述は、デジタル変調について述べたものである。このうち正しいものを1、誤っているものを2として解答せよ。

　ア　ASK は、入力信号によって、搬送波の振幅が変化する方式をいう。

　イ　FSK は、入力信号によって、搬送波の周波数が変化する方式をいう。

　ウ　PSK は、入力信号によって、搬送波の振幅と位相が変化する方式をいう。

　エ　BPSK は、PSK のうち、位相が4種類変化する方式をいう。

　オ　QAM は、入力信号によって、搬送波の振幅と周波数が変化する方式をいう。

B-4　次の記述は、GPS（Global Positioning System）について述べたものである。□□□内に入れるべき字句を下の番号から選べ。

⑴　GPS 衛星は、高度が約20,000〔km〕の　ア　の円軌道上に配置されている。

⑵　GPS 衛星は、軌道上を約　イ　周期で周回している。

⑶　測位に使用している周波数は　ウ　帯である。

⑷　測位のためには、GPS 受信機内部の時計の時間誤差の補正を含め、通常　エ　個の衛星からの電波を受信する必要がある。

⑸　GPS 衛星からの信号に含まれている　オ　情報と、それぞれの衛星の軌道情報から受信点の位置を測位することができる。

| 1 | 六つ | 2 | 12時間 | 3 | 極超短波（UHF） | 4 | 2 | 5 | 時刻 |
| 6 | 四つ | 7 | 24時間 | 8 | 超短波（VHF） | 9 | 4 | 10 | 姿勢 |

B-5　次の記述は、超短波（VHF）帯及び極超短波（UHF）帯の電波の海上伝搬等について述べたものである。このうち正しいものを1、誤っているものを2として解答せよ。

　ア　標準大気中では、幾何学的見通し距離よりも遠方まで伝搬する。

　イ　海面では電波はほとんど反射されない。

　ウ　見通し距離内での受信点の電界強度の大きさは、送信点からの距離の増加とともに振動的に変化する領域がある。

　エ　見通し距離内での受信点の電界強度の大きさは、送信点からの距離が同じであれば、受信点の高度には無関係である。

　オ　障害物の裏側に回り込む電波は、回折波という。

答　　B-3：ア-1　イ-1　ウ-2　エ-2　オ-2

　　　B-4：ア-1　イ-2　ウ-3　エ-9　オ-5

　　　B-5：ア-1　イ-2　ウ-1　エ-2　オ-1

▶解答の指針

A－1

(1) 直流電流 I が作る磁界の方向は<u>アンペアの右ねじ</u>の法則より求められる。

(2) 点 P での磁界の強さ H は、電流 I〔A〕と距離 r〔m〕を用いて $H = I/(2\pi r)$〔A/m〕で表される。したがって、H は I に<u>比例</u>する。

(3) 上式より H は、r に<u>反比例</u>する。

A－2

　v の振幅 V_m：$V_m = 100\sqrt{2}$〔V〕

　v の周期 T：$T = 1/50$〔s〕

　v の周波数 f：$f = 1/T = 50$〔Hz〕

　したがって、v の瞬時値は次のとおり。

$$v = V_m \sin \omega t = V_m \sin 2\pi f t = 100\sqrt{2} \sin 100\pi t \text{〔V〕}$$

A－3

(1) N 形半導体を作るために真性半導体に加える不純物を、<u>ドナー</u>という。

(2) N 形半導体の多数キャリアは、<u>電子</u>である。

(3) 電流は P 形半導体から N 形半導体に流れるので<u>電極 a に正（＋）、電極 b に負（－）</u>の電圧を加えると、電流がよく流れる。

A－4

(1) 図に示す増幅回路 AP の電圧利得 G は、次式で表される。

$$G = \underline{20} \log_{10}(V_o/V_i) \text{〔dB〕}$$

(2) $G = 40$〔dB〕であるから、電圧増幅度 $G = V_o/V_i = 10^{(40/20)} = 10^2 = \underline{100}$ である。

A－8

(1) 周波数混合器の出力周波数は、<u>中間周波数</u>といわれる。

(2) 希望波を安定的に増幅しやすいように、一般に<u>中間周波数は受信周波数より低い</u>周波数が選ばれる。

(3) <u>検波器</u>は振幅変調された信号から音声信号を取り出す。

A－9

4　パルス幅を**広く**し、繰返し周波数を**低く**する。

A – 11

(1)　方形導波管の短辺の側面のスロットの間隔（W）は、一般に$\lambda_g/2$である。

(2)　隣り合う一対のスロットから放射される電波の電界の水平成分は同位相となり、垂直成分は逆位相となる。

(3)　一般に、水平面内のビーム幅は狭く、サイドローブは小さい。

【解説】

　船舶用レーダーに用いられるスロットアレーアンテナは、TE_{10}モードで励振される方形導波管の短辺の側面に管内波長λ_gの1/2の間隔で交互に角度を変えたスロットをアレー状に設けたアンテナである。隣り合う一対のスロットから放射される電波の合成電界の水平成分は同位相で加わり合い、垂直成分は逆位相となり相殺されて、結果として水平偏波を放射する。

A – 12

1　アンテナと給電線のインピーダンス整合がとれているとき、給電線の電圧定在波比（VSWR）の値は、1である。

B – 1

　SSB（J3E）受信機で用いられないイ、ウ、及びオは、次の機器の回路の記述である。

イ　ディエンファシス回路（FM受信機）　ウ　IDC回路（FM送信機）

オ　周波数弁別器（FM受信機）

B – 2

(1)　搬送波が抑圧されている。

(2)　搬送波が抑圧され、一方の側帯波のみ送信されるので送信電力が小さくてすみ、送信電力の利用効率が良い。

(3)　占有周波数帯幅は約2分の1である。

(4)　他局に混信を与える機会が少なくなる。

(5)　占有周波数帯幅が狭いので選択性フェージングの影響が少ない。

B – 3

ウ　PSKは、Phase Shift Keyingの略で、入力信号によって、搬送波の**位相**が変化する方式をいう。

エ　BPSKは、Binary Phase Shift Keyingの略で、PSKのうち、位相が**2種類変化**する方式をいう。

オ　QAMは、Quadrature Amplitude Modulationの略で、入力信号によって、搬送波の

振幅と**位相**が変化する方式をいう。

B - 4
(1) GPS 衛星は、高度が約 20,000〔km〕の<u>六つ</u>の円軌道上に配置されている。
(2) GPS 衛星は、軌道上を約12時間周期で周回している。
(3) 測位に使用している周波数は、1.2 と 1.5〔GHz〕帯の<u>極超短波（UHF）</u>帯である。
(4) 測位のためには、GPS 受信機内部の時計の時間誤差の補正を含め、通常、<u>4</u>個の衛星からの電波を受信する必要がある。
(5) GPS 衛星からの信号に含まれている<u>時刻</u>情報と、それぞれの衛星の軌道情報から受信点の位置を測定することができる。

B - 5
イ　海面では電波はよく**反射**される。
エ　見通し距離内での受信点の電界強度の大きさは、送信点からの**距離**が同じであっても、受信点の高度に関係する。

法　規

試験概要

　試験問題：問題数／20問

　　　　　　試験時間／1時間30分

　合格基準：満　点／100点　合格点／70点

　配点内訳：Ａ問題…14問／70点（1問5点）

　　　　　　Ｂ問題… 6問／30点（1問5点）

A－1　次の記述は、申請による周波数等の変更について述べたものである。電波法（第19条）の規定に照らし、□□□内に入れるべき最も適切な字句の組合せを下の１から４までのうちから一つ選べ。

　　総務大臣は、免許人又は電波法第８条の予備免許を受けた者が識別信号、□A□又は運用許容時間の指定の変更を申請した場合において、□B□特に必要があると認めるときは、その指定を変更することができる。

	A	B
1	電波の型式、周波数、空中線電力	電波の規整その他公益上
2	無線設備の設置場所、電波の型式、周波数、空中線電力	混信の除去その他
3	無線設備の設置場所、電波の型式、周波数、空中線電力	電波の規整その他公益上
4	電波の型式、周波数、空中線電力	混信の除去その他

A－2　無線従事者の免許等に関する次の記述のうち、電波法（第41条）、電波法施行規則（第38条）及び無線従事者規則（第50条及び第51条）の規定に照らし、これらの規定に定めるところに適合しないものはどれか。下の１から４までのうちから一つ選べ。

　1　無線従事者は、その業務に従事しているときは、免許証を携帯していなければならない。

　2　無線従事者は、免許の取消しの処分を受けたときは、その処分を受けた日から１箇月以内にその免許証を総務大臣又は総合通信局長（沖縄総合通信事務所長を含む。）に返納しなければならない。

　3　無線従事者は、免許証を失ったために免許証の再交付を受けようとするときは、申請書に写真１枚を添えて総務大臣又は総合通信局長（沖縄総合通信事務所長を含む。）に提出しなければならない。

　4　無線従事者になろうとする者は、総務大臣の免許を受けなければならない。

A－3　次の記述は、海上移動業務の無線局の免許状に記載された事項の遵守について述べたものである。電波法（第52条）の規定に照らし、□□□内に入れるべき最も適切な字句の組合せを下の１から４までのうちから一つ選べ。

　　無線局は、免許状に記載された□A□又は通信の相手方若しくは通信事項の範囲を超えて運用してはならない。ただし、次の(1)から(6)までに掲げる通信については、この限

答　　A－1：4　　A－2：2

りでない。

(1) 遭難通信（船舶又は航空機が重大かつ急迫の危険に陥った場合に遭難信号を前置する方法その他総務省令で定める方法により行う無線通信をいう。）

(2) 緊急通信（船舶又は航空機が重大かつ急迫の危険に陥るおそれがある場合その他 ☐B☐ に緊急信号を前置する方法その他総務省令で定める方法により行う無線通信をいう。）

(3) 安全通信（船舶又は航空機の ☐C☐ するために安全信号を前置する方法その他総務省令で定める方法により行う無線通信をいう。）

(4) 非常通信（地震、台風、洪水、津波、雪害、火災、暴動その他非常の事態が発生し、又は発生するおそれがある場合において、有線通信を利用することができないか又はこれを利用することが著しく困難であるときに人命の救助、災害の救援、交通通信の確保又は秩序の維持のために行われる無線通信をいう。）

(5) 放送の受信

(6) その他総務省令で定める通信

	A	B	C
1	無線局の種別	緊急の事態が発生した場合	効率的な航行を確保
2	目的	緊急の事態が発生し、又は発生するおそれがある場合	効率的な航行を確保
3	目的	緊急の事態が発生した場合	航行に対する重大な危険を予防
4	無線局の種別	緊急の事態が発生し、又は発生するおそれがある場合	航行に対する重大な危険を予防

A-4　次の記述は、海上移動業務の無線局の免許状に記載された事項の遵守について述べたものである。電波法（第53条）の規定に照らし、☐☐☐内に入れるべき最も適切な字句の組合せを下の1から4までのうちから一つ選べ。

無線局を運用する場合においては、無線設備の設置場所、識別信号、☐A☐は、その無線局の免許状に記載されたところによらなければならない。ただし、☐B☐については、この限りでない。

	A	B
1	電波の型式及び周波数	遭難通信、緊急通信及び安全通信
2	電波の型式、周波数及び空中線電力	遭難通信
3	電波の型式、周波数及び空中線電力	遭難通信、緊急通信及び安全通信
4	電波の型式及び周波数	遭難通信

答　A-3：**3**　　A-4：**4**

A－5　海岸局及び船舶局の運用に関する次の記述のうち、電波法（第62条）及び無線局運用規則（第22条）の規定に照らし、これらの規定に定めるところに適合しないものはどれか。下の1から4までのうちから一つ選べ。

　1　海岸局は、船舶局から自局の運用に妨害を受けたときは、妨害している船舶局に対して、その妨害を除去するために運用の停止を命令することができる。

　2　船舶局は、海岸局と通信を行う場合において、通信の順序若しくは時刻又は使用電波の型式若しくは周波数について、海岸局から指示を受けたときは、その指示に従わなければならない。

　3　船舶局の運用は、その船舶の航行中に限る。ただし、受信装置のみを運用するとき、遭難通信、緊急通信、安全通信、非常通信、放送の受信その他総務省令で定める通信を行うとき、その他総務省令で定める場合は、この限りでない。

　4　船舶局は、自局の呼出しが他の既に行われている通信に混信を与える旨の通知を受けたときは、直ちにその呼出しを中止しなければならない。

A－6　義務船舶局の無線設備の機能試験に関する次の記述のうち、無線局運用規則（第6条から第8条の2まで）の規定に照らし、これらの規定に定めるところに適合しないものはどれか。下の1から4までのうちから一つ選べ。

　1　双方向無線電話を備えている義務船舶局においては、その船舶の航行中毎月1回以上当該無線設備によって通信連絡を行い、その機能を確かめておかなければならない。

　2　義務船舶局の遭難自動通報設備は、1年以内の期間ごとに、別に告示する方法により、その機能を確かめておかなければならない。

　3　義務船舶局においては、無線局運用規則第6条及び第7条の規定により、無線設備（デジタル選択呼出装置による通信を行うものに限る。）及び双方向無線電話の機能を確かめた結果、その機能に異状があると認めたときは、その旨を無線局の免許人に通知するとともに、遅滞なく総務大臣に報告しなければならない。

　4　義務船舶局の無線設備（デジタル選択呼出装置による通信を行うものに限る。）は、その船舶の航行中毎日1回以上、当該無線設備の試験機能を用いて、その機能を確かめておかなければならない。

A－7　次の記述は、海上移動業務における電波を発射する前の措置について述べたものである。無線局運用規則（第19条の2及び第18条）の規定に照らし、□□□内に入れるべき最も適切な字句の組合せを下の1から4までのうちから一つ選べ。

　答　　A－5：1　　A－6：3

① 無線局は、相手局を呼び出そうとするときは、電波を発射する前に、　A　に調整し、自局の発射しようとする　B　によって聴守し、他の通信に混信を与えないことを確かめなければならない。ただし、遭難通信、緊急通信、安全通信及び電波法第74条（非常の場合の無線通信）第1項に規定する通信を行う場合は、この限りでない。

② ①の場合において、他の通信に混信を与えるおそれがあるときは、　C　でなければ呼出しをしてはならない。

	A	B	C
1	送信機を最良の動作状態	電波の周波数	その通信が終了した後
2	受信機を最良の感度	電波の周波数その他必要と認める周波数	その通信が終了した後
3	受信機を最良の感度	電波の周波数	少なくとも10分間経過した後
4	送信機を最良の動作状態	電波の周波数その他必要と認める周波数	少なくとも10分間経過した後

A－8　次の記述は、海上移動業務の無線電話通信における通報の送信の終了及び通信の終了について述べたものである。無線局運用規則（第36条から第38条まで、第14条及び第18条）の規定に照らし、　　　内に入れるべき最も適切な字句の組合せを下の1から4までのうちから一つ選べ。

① 通報の送信を終了し、他に送信すべき通報がないことを通知しようとするときは、送信した通報に続いて(1)及び(2)に掲げる事項を順次送信するものとする。

(1)　A

(2)　どうぞ

② 通報を確実に受信したときは、(1)から(5)までに掲げる事項を順次送信するものとする。

(1)　相手局の呼出名称　　　　　　1回

(2)　こちらは　　　　　　　　　　1回

(3)　自局の呼出名称　　　　　　　1回

(4)　B　　　　　　　　　　　　　1回

(5)　最後に受信した通報の番号　　1回

③ 通信が終了したときは、　C　の語を送信するものとする。

	A	B	C
1	こちらは、そちらに送信するものがありません	通報を受信しました	通信終了
2	送信を終わりました、受信しましたか	通報を受信しました	さようなら

答　A－7：2

3	送信を終わりました、受信しましたか	了解又はＯＫ	通信終了
4	こちらは、そちらに送信するものがありません	了解又はＯＫ	さようなら

A－9 海上移動業務の無線局におけるデジタル選択呼出通信（注）に関する次の記述のうち、無線局運用規則（第58条の5及び第58条の6）の規定に照らし、これらの規定に定めるところに適合しないものはどれか。下の1から4までのうちから一つ選べ。

　　　注　遭難通信、緊急通信及び安全通信に係るものを除く。

1　自局に対する呼出しを受信したときは、海岸局にあっては5秒以上4分半以内に、船舶局にあっては5分以内に応答するものとする。

2　応答は、次の(1)から(7)までに掲げる事項を送信するものとする。

　(1)　呼出しの種類　　　(2)　相手局の識別信号　　(3)　通報の種類

　(4)　自局の識別信号　　(5)　通報の型式　　　　　(6)　通報の周波数等

　(7)　終了信号

3　応答の送信に際して相手局の使用しようとする電波の周波数等によって通報を受信することができないときは、応答の際に送信する事項の「通報の周波数等」にその電波の周波数等では通報を受信することができない旨を明示するものとする。

4　海岸局における呼出しは、45秒間以上の間隔を置いて2回送信することができる。

A－10 船舶局において安全信号等を受信した場合に執るべき措置に関する次の記述のうち、電波法（第68条）及び無線局運用規則（第99条）の規定に照らし、これらの規定に定めるところに適合しないものはどれか。下の1から4までのうちから一つ選べ。

1　船舶局は、他の船舶局が送信する安全通報を受信したときは、遅滞なく、通信可能の範囲内にあるすべての船舶局に対してその安全通報を送信しなければならない。

2　船舶局は、安全信号を受信したときは、遭難通信及び緊急通信を行う場合を除くほか、これに混信を与える一切の通信を中止して直ちにその安全通信を受信しなければならない。

3　船舶局は、安全信号又は電波法第52条（目的外使用の禁止等）第3号の総務省令で定める方法により行われる無線通信（安全通信のことをいう。）を受信したときは、その通信が自局に関係のないことを確認するまでその安全通信を受信しなければならない。

4　船舶局は、安全通信を受信したときは、必要に応じてその要旨をその船舶の責任者に通知しなければならない。

　答　　A－8：4　　A－9：3　　A－10：1

A-11 次の記述は、海上移動業務における遭難通信、緊急通信又は安全通信において使用する電波について述べたものである。無線局運用規則（第70条の2）の規定に照らし、____内に入れるべき最も適切な字句の組合せを下の1から4までのうちから一つ選べ。なお、同じ記号の____内には、同じ字句が入るものとする。

海上移動業務における遭難通信、緊急通信又は安全通信は、次の(1)から(3)に掲げる場合にあっては、それぞれ(1)から(3)に掲げる電波を使用して行うものとする。ただし、__A__を行う場合であって、これらの周波数を使用することができないか又は使用することが不適当であるときは、この限りでない。

(1) デジタル選択呼出装置を使用する場合

F1B 電波 __B__ 、4,207.5kHz、6,312kHz、8,414.5kHz、12,577kHz 若しくは 16,804.5kHz 又は F2B 電波156.525MHz

(2) デジタル選択呼出通信に引き続いて無線電話を使用する場合

J3E 電波 2,182kHz、4,125kHz、6,215kHz、8,291kHz、12,290kHz 若しくは 16,420kHz 又は F3E 電波 __C__

(3) 無線電話を使用する場合 ((2)に掲げる場合を除く。)

A3E 電波 27,524kHz 若しくは F3E 電波 __C__ 又は通常使用する呼出電波

	A	B	C
1	遭難通信又は緊急通信	2,187.5kHz	156.65MHz
2	遭難通信	2,174.5kHz	156.65MHz
3	遭難通信	2,187.5kHz	156.8MHz
4	遭難通信又は緊急通信	2,174.5kHz	156.8MHz

A-12 遭難呼出し及び遭難通報の送信の反復は、どのようにしなければならないか。無線局運用規則（第81条）の規定に照らし、下の1から4までのうちから一つ選べ。

1 遭難呼出し及び遭難通報の送信は、その遭難通報に対する応答があるまで、必要な間隔を置いて反復しなければならない。

2 遭難呼出し及び遭難通報の送信は、他の無線局の通信に混信を与えるおそれがある場合を除き、遭難通報に対する応答があるまで、必要な間隔を置いて反復しなければならない。

3 遭難呼出し及び遭難通報の送信は、1分間以上の間隔を置いて2回反復し、これを反復しても応答がないときは、少なくとも3分間の間隔を置かなければ反復を再開してはならない。

答 A-11：3

4　遭難呼出し及び遭難通報は、少なくとも３回連続して送信し、適当な間隔を置いて
これを反復しなければならない。

A－13　次の記述のうち、免許人が電波法又は電波法に基づく命令に違反したときに、総
務大臣から受けることがある処分に該当しないものはどれか。電波法（第76条第１項）の
規定に照らし、下の１から４までのうちから一つ選べ。
1　期間を定めて行われる無線局の運用許容時間の制限の処分
2　３月以内の期間を定めて行われる無線局の運用の停止の処分
3　期間を定めて行われる無線局の周波数又は空中線電力の制限の処分
4　無線局の免許の取消しの処分

A－14　次の記述は、船舶局に係る免許状及び無線従事者免許証について述べたものであ
る。電波法施行規則（第38条）の規定に照らし、□□□内に入れるべき最も適切な字句の
組合せを下の１から４までのうちから一つ選べ。
①　船舶局に備え付けておかなければならない免許状は、□A□の□B□に掲げておか
なければならない。ただし、掲示を困難とするものについては、その掲示を要しない。
②　無線従事者は、その業務に従事しているときは、免許証を□C□していなければな
らない。

	A	B	C
1	主たる通信操作を行う場所	できる限り上部	携帯
2	主たる送信装置のある場所	見やすい箇所	携帯
3	主たる送信装置のある場所	できる限り上部	総合通信局長（沖縄総合通信事務所長を含む。）の要求に応じて提示することができる場所に保管
4	主たる通信操作を行う場所	見やすい箇所	総合通信局長（沖縄総合通信事務所長を含む。）の要求に応じて提示することができる場所に保管

B－1　無線局の免許後の変更に関する次の場合のうち、電波法（第18条）の規定に照ら
し、変更検査（注）に合格した後でなければ、その変更に係る部分を運用することができ
ないときに該当するものを１、これに該当しないものを２として解答せよ。

　答　　A－12：1　　A－13：4　　A－14：2

注　電波法第18条に定める総務大臣の行う検査をいう。

ア　識別信号の指定の変更を申請し、総務大臣からその指定の変更を受けたとき。

イ　無線設備の設置場所の変更について総務大臣の許可を受け、その変更を行ったとき（総務省令で定める場合を除く。）。

ウ　無線設備の変更の工事について総務大臣の許可を受け、その変更の工事を行ったとき（総務省令で定める場合を除く。）。

エ　船舶局のある船舶について、船舶の所有権の移転その他の理由により船舶を運行する者に変更があり、その免許人の地位を承継し、その旨を総務大臣に届け出たとき。

オ　総務大臣の許可を受けて船舶局の通信の相手方又は通信事項を変更したとき。

B－2　次の表の記述は、それぞれ電波の型式の記号表示と主搬送波の変調の型式、主搬送波を変調する信号の性質及び伝送情報の型式に分類して表す電波の型式を示したものである。電波法施行規則（第4条の2）の規定に照らし、□□□内に入れるべき最も適切な字句を下の1から10までのうちからそれぞれ一つ選べ。なお、同じ記号の□□□内には、同じ字句が入るものとする。

電波の型式の記号	電　波　の　型　式		
	主搬送波の変調の型式	主搬送波を変調する信号の性質	伝送情報の型式
A2D	ア	デジタル信号である単一チャネルのものであって、変調のための副搬送波を使用するもの	イ
A3E	ア	ウ	電話（音響の放送を含む。）
G1B	角度変調で位相変調	デジタル信号である単一チャネルのものであって、変調のための副搬送波を使用しないもの	エ
J3E	オ	ウ	電話（音響の放送を含む。）
P0N	パルス変調で無変調パルス列	変調信号のないもの	無情報

1　振幅変調で両側波帯　　　　　　　　2　振幅変調で残留側波帯

3　ファクシミリ　　　　　　　　　　　4　データ伝送、遠隔測定又は遠隔指令

5　アナログ信号である単一チャネルのもの

6　デジタル信号である2以上のチャネルのもの

7　電信（聴覚受信を目的とするもの）　8　電信（自動受信を目的とするもの）

9　振幅変調で抑圧搬送波による単側波帯　10　振幅変調で低減搬送波による単側波帯

答　B－1：ア－2　イ－1　ウ－1　エ－2　オ－2

B－2：ア－1　イ－4　ウ－5　エ－8　オ－9

B-3 海上移動業務の無線電話通信における呼出し及び応答に関する次の記述のうち、無線局運用規則（第20条、第22条、第23条、第26条、第18条及び第58条の11）の規定に照らし、これらの規定に定めるところに適合するものを1、これらの規定に定めるところに適合しないものを2として解答せよ。

ア 無線局は、自局の呼出しが他の既に行われている通信に混信を与える旨の通知を受けたときは、直ちにその呼出しを中止しなければならない。

イ 無線局は、自局に対する呼出しを受信したときは、直ちに応答しなければならない。

ウ 応答は、「(1) 相手局の呼出名称 1回 (2) こちらは 1回 (3) 自局の呼出名称 1回」を順次送信して行うものとする。

エ 無線局は、自局に対する呼出しであることが確実でない呼出しを受信したときは、応答事項のうち相手局の呼出名称の代わりに「誰かこちらを呼びましたか」の語を使用して直ちに応答しなければならない。

オ 呼出しは、「(1) 相手局の呼出名称 3回以下 (2) こちらは 1回 (3) 自局の呼出名称 3回以下」を順次送信して行うものとする。

B-4 遭難通信に関する次の記述のうち、電波法（第54条及び第66条）及び無線局運用規則（第81条の5）の規定に照らし、これらの規定に定めるところに適合するものを1、これらの規定に定めるところに適合しないものを2として解答せよ。

ア 船舶局は、デジタル選択呼出装置を使用して送信された遭難警報を受信したときは、直ちにこれをその船舶の責任者に通知しなければならない。

イ 船舶局は、遭難通信を行う場合においては、空中線電力は、免許状に記載されたものの範囲内であって通信を行うために必要最小のものでなければならない。

ウ 無線局は、遭難信号又は電波法第52条（目的外使用の禁止等）第1号の総務省令で定める方法により行われる無線通信を受信したときは、遭難通信を妨害するおそれのある電波の発射を直ちに中止しなければならない。

エ 海岸局及び船舶局は、遭難通信を受信したときは、他の一切の無線通信に優先して、直ちにこれに応答し、かつ、遭難している船舶又は航空機を救助するため最も便宜な位置にある無線局に対して通報する等総務省令で定めるところにより救助の通信に関し最善の措置をとらなければならない。

オ 船舶局は、デジタル選択呼出装置を使用して送信された遭難警報を受信したときは、直ちにこれに応答しなければならない。

答 B-3：アー1 イー1 ウー2 エー2 オー1
B-4：アー1 イー2 ウー1 エー1 オー2

B-5　次の記述は、海上移動業務の無線局の定期検査（電波法第73条第1項の検査をいう。）について述べたものである。電波法（第73条）の規定に照らし、□□□内に入れるべき最も適切な字句を下の1から10までのうちからそれぞれ一つ選べ。

① 総務大臣は、　ア　、あらかじめ通知する期日に、その職員を無線局（総務省令で定めるものを除く。）に派遣し、その無線設備、無線従事者の資格（主任無線従事者の要件に係るものを含む。）及び　イ　並びに　ウ　（以下「無線設備等」という。）を検査させる。

② ①の検査は、当該無線局（注1）の免許人から、①により総務大臣が通知した期日の　エ　までに、当該無線局の無線設備等について登録検査等事業者（注2）が、総務省令で定めるところにより、当該登録に係る検査を行い、当該無線局の無線設備がその工事設計に合致しており、かつ、その無線従事者の資格等が電波法の関係規定にそれぞれ違反していない旨を記載した証明書の提出があったときは、①の規定にかかわらず、　オ　することができる。

> 注1 人の生命若しくは身体の安全の確保のためその適正な運用の確保が必要な無線局として総務省令で定めるものを除く。
> 2 電波法第24条の2（検査等事業者の登録）第1項の登録を受けた者（無線設備等の点検の事業のみを行う者を除く。）をいう。

1 毎年1回	2 総務省令で定める時期ごとに	3 員数	
4 員数（主任無線従事者の監督を受けて無線設備の操作を行う者を含む。）			
5 計器及び予備品	6 時計及び書類		7 2週間前
8 1月前	9 省略		10 その一部を省略

B-6　次に掲げる書類のうち、電波法施行規則（第38条）の規定に照らし、義務船舶局（国際航海に従事する船舶の船舶局及び国際通信を行う船舶局を除く。）に備え付けておかなければならない書類に該当するものを1、これに該当しないものを2として解答せよ。

ア 無線従事者選解任届の写し

イ 海岸局及び特別業務の局の局名録

ウ 無線局の免許の申請書の添付書類の写し

エ 海上移動業務及び海上移動衛星業務で使用する便覧

オ 免許状

A－1　総務大臣が無線局（注）の免許を与えないことができる者に関する次の記述のうち、電波法（第5条）の規定に照らし、この規定に定めるところに適合するものはどれか。下の1から4までのうちから一つ選べ。

　　　注　基幹放送をする無線局（受信障害対策中継放送、衛星基幹放送及び移動受信用地上基幹放送をする無線局を除く。）を除く。

1　無線局の予備免許の際に指定された工事落成の期限経過後2週間以内に工事が落成した旨の届出がなかったことにより免許を拒否され、その拒否の日から2年を経過しない者

2　無線局を廃止し、その廃止の日から2年を経過しない者

3　無線局の免許の取消しを受け、その取消しの日から2年を経過しない者

4　無線局（再免許を受けるものを除く。）の免許の有効期間満了により免許が効力を失い、その効力を失った日から2年を経過しない者

A－2　次の記述は、海上移動業務の無線局が運用する場合における空中線電力について述べたものである。電波法（第54条）及び無線局免許手続規則（第10条の3）の規定に照らし、　　　内に入れるべき最も適切な字句の組合せを下の1から4までのうちから一つ選べ。

①　総務大臣が電波法第8条（予備免許）の規定に基づいて無線局の免許の申請者に対して予備免許を与える際に指定する空中線電力は、その無線局が送信に際して　A　とする。

②　無線局を運用する場合においては、空中線電力は、その無線局の免許状に記載された　B　。ただし、　C　については、この限りでない。

	A	B	C
1	使用しなければならない単一の値のもの	ものの範囲内で、通信を行うため必要最小のものでなければならない	遭難通信、緊急通信、安全通信及び非常通信
2	使用できる最大の値のもの	ものの範囲内で、通信を行うため必要最小のものでなければならない	遭難通信

3	使用できる最大の値のもの	ところによらなければならない	遭難通信、緊急通信、安全通信及び非常通信
4	使用しなければならない単一の値のもの	ところによらなければならない	遭難通信

A-3　次の記述は、無線通信（注）の秘密の保護について述べたものである。電波法（第59条及び第109条）の規定に照らし、□□□内に入れるべき最も適切な字句の組合せを下の1から4までのうちから一つ選べ。

　　　注　電気通信事業法第4条（秘密の保護）第1項又は同法第164条（適用除外等）第3項の通信であるものを除く。

① 何人も法律に別段の定めがある場合を除くほか、□A□行われる無線通信を□B□してはならない。

② □C□がその業務に関し知り得た無線局の取扱中に係る無線通信の秘密を漏らし、又は窃用したときは、2年以下の懲役又は100万円以下の罰金に処する。

	A	B	C
1	総務省令で定める周波数により	傍受してその存在若しくは内容を漏らし、又はこれを窃用	免許人又は無線従事者
2	特定の相手方に対して	傍受	免許人又は無線従事者
3	特定の相手方に対して	傍受してその存在若しくは内容を漏らし、又はこれを窃用	無線通信の業務に従事する者
4	総務省令で定める周波数により	傍受	無線通信の業務に従事する者

A-4　海岸局及び船舶局の運用に関する次の記述のうち、電波法（第63条）及び無線局運用規則（第22条及び第41条）の規定に照らし、これらの規定に定めるところに適合しないものはどれか。下の1から4までのうちから一つ選べ。

1　船舶局は、遭難通信、緊急通信、安全通信及び電波法第74条（非常の場合の無線通信）第1項に規定する通信（これらの通信が遠方で行われている場合等であって自局に関係がないと認めるものを除く。）の終了前に閉局してはならない。

2　船舶局は、自局の呼出しが他の既に行われている通信に混信を与える旨の通知を受けたときは、直ちに空中線電力を低下させなければならない。

3　海岸局は、常時運用しなければならない。ただし、総務省令で定める海岸局については、この限りでない。

答　A-2：2　　A-3：3

4 海岸局は、無線設備の機器の試験又は調整のための電波を発射する場合において、その電波の発射が他の既に行われている通信に混信を与える旨の通知を受けたときは、直ちにその電波の発射を中止しなければならない。

A－5 次の記述は、船舶局の遭難自動通報設備の機能試験について述べたものである。電波法施行規則（第38条の４）及び無線局運用規則（第８条の２）の規定に照らし、□□□内に入れるべき最も適切な字句の組合せを下の１から４までのうちから一つ選べ。

① 船舶局の遭難自動通報設備においては、□A□、別に告示する方法により、その無線設備の機能を確かめておかなければならない。

② 遭難自動通報設備を備える船舶局の免許人は、①により当該設備の機能試験をしたときは、実施の日及び試験の結果に関する記録を作成し、□B□なければならない。

	A	B
1	その船舶の航行中毎月１回以上	これを総務大臣に届け出
2	１年以内の期間ごとに	当該試験をした日から２年間、これを保存し
3	１年以内の期間ごとに	これを総務大臣に届け出
4	その船舶の航行中毎月１回以上	当該試験をした日から２年間、これを保存し

A－6 一般通信方法における無線通信の原則に関する次の記述のうち、無線局運用規則（第10条）の規定に照らし、この規定に定めるところに適合しないものはどれか。下の１から４までのうちから一つ選べ。

1 無線通信に使用する用語は、できる限り簡潔でなければならない。

2 無線通信を行うときは、自局の識別信号を付して、その出所を明らかにしなければならない。

3 必要のない無線通信は、これを行ってはならない。

4 無線通信を行うときは、暗語を使用してはならない。

A－7 入港中の船舶の船舶局を運用することができる場合に関する次の記述のうち、無線局運用規則（第40条）の規定に照らし、この規定に定めるところに適合しないものはどれか。下の１から４までのうちから一つ選べ。

1 中短波帯の周波数の電波により、気象の照会又は時刻の照合のために海岸局と通信を行う場合

2 無線通信によらなければ他に陸上との連絡手段がない場合であって、急を要する通

答 A－4：2 A－5：2 A－6：4

　　報を海岸局に送信する場合

　3　総務大臣又は総合通信局長（沖縄総合通信事務所長を含む。）が行う無線局の検査に際してその運用を必要とする場合

　4　156MHz を超え 157.45MHz 以下の周波数帯の周波数の電波により港務用の無線局との間で港内における船舶の交通に関する通信を行う場合

A－8　次の記述は、海上移動業務における電波の使用制限について述べたものである。無線局運用規則（第58条）の規定に照らし、□□□内に入れるべき最も適切な字句の組合せを下の1から4までのうちから一つ選べ。

　①　□A□、4,207.5kHz、6,312kHz、8,414.5kHz、12,577kHz 及び 16,804.5kHz の周波数の電波の使用は、デジタル選択呼出装置を使用して□B□を行う場合に限る。

　②　156.8MHz の周波数の電波の使用は、次の(1)から(3)までに掲げる場合に限る。

　　(1)　遭難通信、緊急通信（注）又は安全呼出しを行う場合

　　　注　医事通報に係るものにあっては、緊急呼出しに限る。

　　(2)　呼出し又は応答を行う場合

　　(3)　□C□を送信する場合

　③　156.8MHz の周波数の電波の使用は、できる限り短時間とし、かつ、□D□以上にわたってはならない。ただし、遭難通信を行う場合は、この限りでない。

	A	B	C	D
1	2,187.5kHz	遭難通信	準備信号	3分
2	2,182kHz	遭難通信	船舶の航行の安全に関し急を要する通報	1分
3	2,182kHz	遭難通信又は安全通信	船舶の航行の安全に関し急を要する通報	3分
4	2,187.5kHz	遭難通信、緊急通信又は安全通信	準備信号	1分

A－9　次の記述は、海上移動業務における緊急通信の取扱い等について述べたものである。電波法（第52条及び第67条）及び無線局運用規則（第93条）の規定に照らし、□□□内に入れるべき最も適切な字句の組合せを下の1から4までのうちから一つ選べ。

　①　緊急通信とは、船舶又は航空機が重大かつ急迫の□A□その他緊急の事態が発生した場合に緊急信号を前置する方法その他総務省令で定める方法により行う無線通信をいう。

答　A－7：1　　A－8：4

② 海岸局及び船舶局は、遭難通信に次ぐ優先順位をもって、緊急通信を取り扱わなければならない。

③ 海岸局及び船舶局は、緊急信号又は電波法第52条（目的外使用の禁止等）第2号の総務省令で定める方法により行われる無線通信を受信したときは、遭難通信を行う場合を除き、その通信が ▢B▢ の間（無線電話による緊急信号を受信した場合には、少なくとも ▢C▢ ）継続してその緊急通信を受信しなければならない。

	A	B	C
1	危険に陥るおそれがある場合	自局に関係のないことを確認するまで	3分間
2	危険に陥った場合又は陥るおそれがある場合	自局に関係のないことを確認するまで	1分間
3	危険に陥った場合又は陥るおそれがある場合	終了するまで	3分間
4	危険に陥るおそれがある場合	終了するまで	1分間

A-10 海岸局等（注）の遭難通信及び安全通信に関する次の記述のうち、電波法（第66条及び第68条）の規定に照らし、これらの規定に定めるところに適合しないものはどれか。下の1から4までのうちから一つ選べ。

　　注　海岸局、海岸地球局、船舶局及び船舶地球局をいう。

1 海岸局等は、速やかに、かつ、確実に安全通信を取り扱わなければならない。

2 海岸局等は、遭難信号又は電波法第52条（目的外使用の禁止等）第1号の総務省令で定める方法により行われる無線通信を受信したときは、遭難通信を妨害するおそれのある電波の発射を直ちに中止しなければならない。

3 海岸局等は、安全信号又は電波法第52条（目的外使用の禁止等）第3号の総務省令で定める方法により行われる無線通信を受信したときは、その通信が終了するまでその安全通信を受信しなければならない。

4 海岸局等は、遭難通信を受信したときは、他の一切の無線通信に優先して、直ちにこれに応答し、かつ、遭難している船舶又は航空機を救助するため最も便宜な位置にある無線局に対して通報する等総務省令で定めるところにより救助の通信に関し最善の措置をとらなければならない。

A-11 次の記述は、海上移動業務の無線電話通信における遭難通報の送信について述べたものである。無線局運用規則（第77条）の規定に照らし、▢内に入れるべき最も適

　答　　A-9：1　　　A-10：3

切な字句の組合せを下の1から4までのうちから一つ選べ。

① 遭難呼出しを行った無線局は、 A 、遭難通報を送信しなければならない。

② 遭難通報は、無線電話により次の(1)から(3)までに掲げる事項を順次送信して行うものとする。

(1) 「 B 」又は「遭難」

(2) 遭難した船舶又は航空機の C

(3) 遭難した船舶又は航空機の位置、遭難の種類及び状況並びに必要とする救助の種類その他救助のため必要な事項

③ ②の(3)の位置は、原則として経度及び緯度をもって表すものとする。但し、著名な地理上の地点からの真方位及び海里で示す距離によって表すことができる。

	A	B	C
1	できる限りすみやかにその遭難呼出しに続いて	メーデー	名称又は識別
2	遭難呼出しに対する応答を受信した後すみやかに	メーデー	所有者又は運行者
3	遭難呼出しに対する応答を受信した後すみやかに	ディストレス	名称又は識別
4	できる限りすみやかにその遭難呼出しに続いて	ディストレス	所有者又は運行者

A-12 次の記述は、総務大臣が行う無線局（登録局を除く。）の周波数等の変更の命令について述べたものである。電波法（第71条）の規定に照らし、 内に入れるべき最も適切な字句の組合せを下の1から4までのうちから一つ選べ。

総務大臣は、 A 必要があるときは、無線局の B に支障を及ぼさない範囲内に限り、当該無線局の C の指定を変更し、又は人工衛星局の無線設備の設置場所の変更を命ずることができる。

	A	B	C
1	電波の規整その他公益上	運用	電波の型式、周波数若しくは空中線電力
2	電波の規整その他公益上	目的の遂行	周波数若しくは空中線電力
3	混信の除去その他特に	目的の遂行	電波の型式、周波数若しくは空中線電力
4	混信の除去その他特に	運用	周波数若しくは空中線電力

A-13 総務大臣が無線局に対して臨時に電波の発射の停止を命ずることができるときに関する次の記述のうち、電波法（第72条）の規定に照らし、この規定に定めるところに適合するものはどれか。下の1から4までのうちから一つ選べ。

答 A-11：1 A-12：2

1　無線局の発射する電波の空中線電力が免許状に記載されたものの範囲を超えていると認めるとき。

2　無線局の発射する電波の質が総務省令で定めるものに適合していないと認めるとき。

3　無線局の発射する電波の空中線電力が通信を行うために必要最小のものでないと認めるとき。

4　無線局の発射する電波の周波数の安定度が総務省令で定める条件を満たしていないと認めるとき。

A－14　免許状に記載した事項に変更を生じたときに免許人が行うべき次の記述のうち、電波法（第21条）の規定に照らし、この規定に定めるところに適合するものはどれか。下の1から4までのうちから一つ選べ。

1　速やかにその免許状を訂正し、その後最初に行われる無線局の検査の際に検査職員の確認を受けなければならない。

2　遅滞なくその免許状を返納し、免許状の再交付を受けなければならない。

3　速やかにその免許状を訂正し、遅滞なくその旨を総務大臣に報告しなければならない。

4　その免許状を総務大臣に提出し、訂正を受けなければならない。

B－1　次の記述は、無線局の廃止等について述べたものである。電波法（第22条から第24条まで、第78条及び第113条）の規定に照らし、□□□内に入れるべき最も適切な字句を下の1から10までのうちからそれぞれ一つ選べ。

①　免許人（包括免許人を除く。）は、その無線局を廃止するときは、その旨を総務大臣に　ア　なければならない。

②　免許人（包括免許人を除く。）が無線局を廃止したときは、免許は、その効力を失う。

③　無線局の免許がその効力を失ったときは、免許人であった者は、　イ　以内にその免許状を　ウ　しなければならない。

④　無線局の免許がその効力を失ったときは、免許人であった者は、遅滞なく　エ　を撤去しなければならない。

⑤　④の規定に違反した者は、　オ　に処する。

1	届け出	2	申請し	3	1週間	4	1箇月
5	廃棄	6	返納	7	空中線	8	送信装置及び空中線
9	30万円以下の罰金			10	100万円以下の罰金		

答　A－13：2　　A－14：4

B－1：ア－1　イ－4　ウ－6　エ－7　オ－9

B-2 次の記述は、義務船舶局の無線設備について述べたものである。無線設備規則（第38条及び第38条の4）の規定に照らし、____内に入れるべき最も適切な字句を下の1から10までのうちからそれぞれ一つ選べ。

① 義務船舶局に備えなければならない無線電話であって、 ア を使用するものの空中線は、 イ に設置されたものでなければならない。

② ①の無線電話は、航海船橋において通信できるものでなければならない。

③ 義務船舶局に備えなければならない無線設備（遭難自動通報設備を除く。）は、通常操船する場所において、 ウ を送り、又は受けることができるものでなければならない。

④ 義務船舶局に備えなければならない エ は、 オ できるものでなければならない。ただし、通常操船する場所の近くに設置する場合は、この限りでない。

⑤ ②から④までの規定は、船体の構造その他の事情により総務大臣が当該規定によることが困難又は不合理であると認めて別に告示する無線設備については、適用しない。

1	F3E 電波156.8MHz	2	J3E 電波2,182kHz
3	船舶のできる限り上部	4	航海船橋の近く
5	遭難通信	6	遭難通信及び航行の安全に関する通信
7	衛星非常用位置指示無線標識及び捜索救助用レーダートランスポンダ		
8	衛星非常用位置指示無線標識	9	通常操船する場所から遠隔制御
10	通信室から遠隔制御		

B-3 無線従事者の免許等に関する次の記述のうち、電波法（第41条及び第42条）、電波法施行規則（第36条及び第38条）及び無線従事者規則（第51条）の規定に照らし、これらの規定に定めるところに適合するものを1、これらの規定に定めるところに適合しないものを2として解答せよ。

ア 無線局には、当該無線局の無線設備の操作を行い、又はその監督を行うために必要な無線従事者を配置しなければならない。

イ 無線従事者は、免許の取消しの処分を受けたときは、その処分を受けた日から1箇月以内にその免許証を総務大臣又は総合通信局長（沖縄総合通信事務所長を含む。）に返納しなければならない。

ウ 無線従事者は、その業務に従事しているときは、免許証を総務大臣又は総合通信局長（沖縄総合通信事務所長を含む。）の要求に応じて、速やかに提示することができる場所に保管しておかなければならない。

答 B-2：ア-1 イ-3 ウ-5 エ-8 オ-9

エ　総務大臣は、電波法第9章（罰則）の罪を犯し、罰金以上の刑に処せられ、その執行を終わり、又はその執行を受けることがなくなった日から2年を経過しない者に対しては、無線従事者の免許を与えないことができる。

オ　無線従事者になろうとする者は、総務大臣の免許を受けなければならない。

B－4　海上移動業務の無線電話通信における不確実な呼出しに対する応答に関する次の記述のうち、無線局運用規則（第14条、第18条及び第26条）の規定に照らし、これらの規定に定めるところに適合するものを1、これらの規定に定めるところに適合しないものを2として解答せよ。

ア　無線局は、自局に対する呼出しを受信した場合において、呼出局の呼出名称が不確実であるときは、応答事項のうち相手局の呼出名称の代わりに「誰かこちらを呼びましたか」の語を使用して、直ちに応答しなければならない。

イ　無線局は、自局に対する呼出しであることが確実でない呼出しを受信したときは、その呼出しが反復され、かつ、自局に対する呼出しであることが確実に判明するまで応答してはならない。

ウ　無線局は、自局に対する呼出しであることが確実でない呼出しを受信したときは、応答事項のうち、相手局の呼出名称の代わりに「誰かこちらを呼びましたか」の語を使用して、直ちに応答しなければならない。

エ　無線局は、自局に対する呼出しを受信した場合において、呼出局の呼出名称が不確実であるときは、その呼出しが反復され、かつ、呼出局の呼出名称が確実に判明するまで応答してはならない。

オ　無線局は、自局に対する呼出しを受信した場合において、呼出局の呼出名称が不確実であるときは、応答事項のうち相手局の呼出名称の代わりに「各局」の語を使用して、直ちに応答しなければならない。

B－5　船舶局が安全通信を受信したときに執るべき措置に関する次の記述のうち、無線局運用規則（第99条）の規定に照らし、この規定に定めるところに適合するものを1、この規定に定めるところに適合しないものを2として解答せよ。

ア　遭難通信及び緊急通信を行う場合を除くほか、これに混信を与える一切の通信を中止して、直ちにその安全通信を受信しなければならない。

イ　必要に応じて安全通信の要旨をその船舶の責任者に通知しなければならない。

ウ　直ちに付近を航行中の船舶の船舶局に対して安全通報を送信しなければならない。

答　　B－3：ア－1　イ－2　ウ－2　エ－1　オ－1
　　　B－4：ア－1　イ－1　ウ－2　エ－2　オ－2

エ 直ちに安全通報の受信証を送信しなければならない。

オ 遅滞なく、その安全通信を受信した旨を海上保安庁その他の救助機関に通報しなければならない。

B−6 船舶局の無線業務日誌に関する次の記述のうち、電波法施行規則（第40条）の規定に照らし、この規定に定めるところに適合するものを1、この規定に定めるところに適合しないものを2として解答せよ。

ア 検査の結果について総合通信局長（沖縄総合通信事務所長を含む。）から指示を受け相当な措置をしたときは、その措置の内容を無線業務日誌の記載欄に記載しなければならない。

イ 使用を終わった無線業務日誌は、使用を終わった日から2年間保存しなければならない。

ウ 無線業務日誌には、電波法第65条（聴守義務）の規定による聴守周波数を記載しなければならない。

エ 無線業務日誌には、機器の故障の事実、原因及びこれに対する措置の内容を記載しなければならない。

オ 電波法又は電波法に基づく命令の規定に違反して運用した無線局を認めたときは、その事実を無線業務日誌に記載しなければならない。

答　B−5：ア−1　イ−1　ウ−2　エ−2　オ−2

　　　B−6：ア−2　イ−1　ウ−2　エ−1　オ−1

A－1　次の記述は、無線局の免許の承継について述べたものである。電波法（第20条）の規定に照らし、□□□内に入れるべき最も適切な字句の組合せを下の１から４までのうちから一つ選べ。なお、同じ記号の□□□内には、同じ字句が入るものとする。

①　免許人について相続があったときは、その相続人は、□A□。

②　船舶局のある船舶又は無線設備が遭難自動通報設備若しくはレーダーのみの無線局のある船舶について、船舶の所有権の移転その他の理由により船舶を運行する者に変更があったときは、変更後船舶を運行する者は、□A□。

③　①及び②の規定により免許人の地位を承継した者は、遅滞なく、□B□を添えてその旨を総務大臣に届け出なければならない。

	A	B
1	免許人の地位を承継する	承継に係る無線局の免許状
2	免許人の地位を承継する	その事実を証する書面
3	総務大臣の許可を受けて免許人の地位を承継することができる	承継に係る無線局の免許状
4	総務大臣の許可を受けて免許人の地位を承継することができる	その事実を証する書面

A－2　免許人が、無線局の検査の結果について総務大臣又は総合通信局長（沖縄総合通信事務所長を含む。）から指示を受け相当な措置をしたときに関する次の記述のうち、電波法施行規則（第39条）の規定に照らし、この規定に定めるところに適合するものはどれか。下の１から４までのうちから一つ選べ。

1　指示を受けた事項について行った相当な措置の内容を無線業務日誌に記載しなければならない。

2　指示を受けた事項について相当な措置をした旨を検査職員に届け出て、その検査職員の確認を受けなければならない。

3　指示を受けた事項について行った相当な措置の内容を速やかに総務大臣又は総合通信局長に報告しなければならない。

4　指示を受けた事項について相当な措置をした旨を総務大臣又は総合通信局長に届け出て、再度検査を受けなければならない。

　答　　A－1：**2**　　A－2：**3**

A－3 次の記述は、義務船舶局の無線設備を設ける場所の要件について述べたものである。電波法（第34条）の規定に照らし、□□□内に入れるべき最も適切な字句の組合せを下の1から4までのうちから一つ選べ。

義務船舶局の無線設備は、次の(1)から(3)までに掲げる要件に適合する場所に設けなければならない。ただし、総務省令で定める無線設備については、この限りでない。

(1) 当該無線設備の操作に際し、機械的原因、電気的原因その他の原因による妨害を受けることがない場所であること。

(2) 当該無線設備につきできるだけ A することができるように、その場所が当該船舶において可能な範囲で B にあること。

(3) 当該無線設備の機能に障害を及ぼすおそれのある C であること。

	A	B	C
1	安全を確保	航海船橋に近い位置	振動及び衝撃が少ない場所
2	効果的な運用を確保	高い位置	振動及び衝撃が少ない場所
3	効果的な運用を確保	航海船橋に近い位置	水、温度その他の環境の影響を受けない場所
4	安全を確保	高い位置	水、温度その他の環境の影響を受けない場所

A－4 無線従事者の免許等に関する次の記述のうち、電波法（第41条、第42条及び第79条）の規定に照らし、これらの規定に定めるところに適合しないものはどれか。下の1から4までのうちから一つ選べ。

1 総務大臣は、電波法第9章（罰則）に定める罪を犯し懲役の刑に処せられ、その執行を終わり、又はその執行を受けることがなくなった日から5年を経過しない者に対しては、無線従事者の免許を与えないことができる。

2 総務大臣は、無線従事者が不正な手段により免許を受けたときは、その免許を取り消すことができる。

3 総務大臣は、無線従事者が電波法若しくは電波法に基づく命令又はこれらに基づく処分に違反したときは、3箇月以内の期間を定めてその業務に従事することを停止することができる。

4 無線従事者になろうとする者は、総務大臣の免許を受けなければならない。

A－5 次の記述は、海上移動業務の無線局の免許状に記載された事項の遵守について述べたものである。電波法（第52条）及び電波法施行規則（第37条）の規定に照らし、

答 A－3：4　　A－4：1

◯◯内に入れるべき最も適切な字句の組合せを下の1から4までのうちから一つ選べ。

① 無線局は、免許状に記載された目的又は◯A◯の範囲を超えて運用してはならない。ただし、遭難通信、緊急通信、安全通信、非常通信、放送の受信その他総務省令で定める通信については、この限りでない。

② 次の(1)から(4)までに掲げる通信は、①の総務省令で定める通信（①の範囲を超えて行うことができる通信）とする。

(1) ◯B◯

(2) 船位通報に関する通信

(3) 気象の照会又は時刻の照合のために行う海岸局と船舶局との間若しくは船舶局相互間の通信

(4) (1)から(3)までに掲げる通信のほか、電波法施行規則第37条（免許状の目的等にかかわらず運用することができる通信）に定める通信

	A	B
1	通信の相手方、通信事項、電波の型式、周波数若しくは空中線電力	国又は地方公共団体の事務に関する通信
2	通信の相手方、通信事項、電波の型式、周波数若しくは空中線電力	無線機器の試験又は調整をするために行う通信
3	通信の相手方若しくは通信事項	国又は地方公共団体の事務に関する通信
4	通信の相手方若しくは通信事項	無線機器の試験又は調整をするために行う通信

A-6 無線通信（注）の秘密の保護に関する次の記述のうち、電波法（第59条）の規定に照らし、この規定に定めるところに適合するものはどれか。下の1から4までのうちから一つ選べ。

　　注　電気通信事業法第4条（秘密の保護）第1項又は第164条（適用除外等）第3項の通信であるものを除く。

1 何人も法律に別段の定めがある場合を除くほか、いかなる無線通信も傍受してはならない。

2 何人も法律に別段の定めがある場合を除くほか、いかなる無線通信も傍受してその存在若しくは内容を漏らし、又はこれを窃用してはならない。

3 何人も法律に別段の定めがある場合を除くほか、特定の相手方に対して行われる無線通信を傍受してその存在若しくは内容を漏らし、又はこれを窃用してはならない。

答　A-5：4

4 何人も法律に別段の定めがある場合を除くほか、総務省令で定める周波数の電波を使用して行われるいかなる無線通信も傍受してその存在若しくは内容を漏らし、又はこれを窃用してはならない。

A－7 海岸局及び船舶局の運用に関する次の記述のうち、電波法（第62条）及び無線局運用規則（第18条、第21条及び第58条の11）の規定に照らし、これらの規定に定めるところに適合しないものはどれか。下の1から4までのうちから一つ選べ。

1 船舶局は、海岸局と通信を行う場合において、通信の順序若しくは時刻又は使用電波の型式若しくは周波数について、海岸局から指示を受けたときは、その指示に従わなければならない。

2 海岸局は、船舶局から自局の運用に妨害を受けたときは、妨害している船舶局に対して、その妨害を除去するためにその運用の停止を命令することができる。

3 船舶局における無線電話による呼出しは、2分間の間隔を置いて2回反復することができる。呼出しを反復しても応答がないときは、少なくとも3分間の間隔をおかなければ、呼出しを再開してはならない。

4 船舶局の運用は、その船舶の航行中に限る。ただし、受信装置のみを運用するとき、遭難通信、緊急通信、安全通信、非常通信、放送の受信その他総務省令で定める通信を行うとき、その他総務省令で定める場合は、この限りでない。

A－8 次の記述は、海上移動業務の無線局の聴守義務について述べたものである。電波法（第65条）及び無線局運用規則（第42条から第44条まで）の規定に照らし、□□内に入れるべき最も適切な字句の組合せを下の1から4までのうちから一つ選べ。

① デジタル選択呼出装置を施設している船舶局及び海岸局であって、F2B電波156.525MHzの指定を受けているものは□A□、その周波数で聴守をしなければならない。（注）

注 ただし、船舶局にあっては、無線設備の緊急の修理を行う場合又は現に通信を行っている場合であって、聴守することができないとき及び海岸局については、現に通信を行っている場合は、この限りでない。以下②及び③において同じ。

② 船舶局であって電波法第33条（義務船舶局の無線設備の機器）の規定により□B□を備えるものは、F1B電波518kHzの聴守については、その周波数で海上安全情報を送信する無線局の通信圏の中にあるとき常時、F1B電波424kHzの聴守については、その周波数で海上安全情報を送信する無線局の通信圏として総務大臣が別に告示する

ものの中にあるとき常時、F1B 電波 424kHz 又は 518kHz で聴守をしなければならない。

③ 海岸局であって F3E 電波 156.8MHz の指定を受けているものは、　C　、その周波数で聴守をしなければならない。

	A	B	C
1	常時	ナブテックス受信機	その運用義務時間中
2	常時	デジタル選択呼出専用受信機	できる限り常時
3	できる限り常時	デジタル選択呼出専用受信機	その運用義務時間中
4	できる限り常時	ナブテックス受信機	できる限り常時

A－9　海上移動業務における無線電話通信において、無線局が自局に対する呼出しであることが確実でない呼出しを受信したときに関する次の記述のうち、無線局運用規則（第26条）の規定に照らし、この規定に定めるところに適合するものはどれか。下の1から4までのうちから一つ選べ。

1　その呼出しが反覆され、かつ、自局に対する呼出しであることが確実に判明するまで応答してはならない。

2　他のいずれの無線局も応答しない場合は、直ちに応答しなければならない。

3　応答事項のうち、「こちらは」及び自局の呼出名称を送信して応答しなければならない。

4　応答事項のうち、相手局の呼出名称の代わりに「誰かこちらを呼びましたか」の語を使用して、直ちに応答しなければならない。

A－10　次の記述は、総務大臣に対する報告等について述べたものである。電波法（第80条及び第81条）の規定に照らし、　　　内に入れるべき最も適切な字句の組合せを下の1から4までのうちから一つ選べ。

① 海上移動業務の無線局の免許人は、次の(1)から(3)までに掲げる場合は、総務省令で定める手続により、総務大臣に報告しなければならない。

(1)　　A　を行ったとき。

(2)　電波法又は電波法に基づく命令の規定に違反して運用した無線局を認めたとき。

(3)　無線局が外国において、　B　とき。

② 総務大臣は、　C　するため必要があると認めるときは、免許人に対し、無線局に関し報告を求めることができる。

　答　　A－8：1　　　A－9：1

	A	B	C
1	遭難通信、緊急通信、安全通信又は非常通信	あらかじめ総務大臣が告示した以外の運用の制限をされた	無線通信の秩序の維持その他無線局の適正な運用を確保
2	遭難通信	あらかじめ総務大臣が告示した以外の運用の制限をされた	混信を除去
3	遭難通信、緊急通信、安全通信又は非常通信	当該外国の主管庁による無線局の検査を受けた	混信を除去
4	遭難通信	当該外国の主管庁による無線局の検査を受けた	無線通信の秩序の維持その他無線局の適正な運用を確保

A－11　安全通信を行う場合に関する次の記述のうち、電波法（第52条）の規定に照らし、この規定に定めるところに適合するものはどれか。下の1から4までのうちから一つ選べ。

1　船舶又は航空機に緊急の事態が発生した場合
2　船舶又は航空機が重大かつ急迫の危険に陥るおそれがある場合
3　船舶又は航空機の航行に対する重大な危険を予防するために必要な場合
4　遭難船舶若しくは遭難航空機の救助又は捜索に資するために国の行政機関が収集する船舶の位置に関する通報を当該行政機関に送信する場合

A－12　次の記述は、海上移動業務における無線電話による遭難呼出しについて述べたものである。無線局運用規則（第76条）の規定に照らし、□□□内に入れるべき最も適切な字句の組合せを下の1から4までのうちから一つ選べ。

①　遭難呼出しは、次の(1)から(3)までの区別に従い、それぞれに掲げる事項を順次送信して行うものとする。
　(1)　□A□（又は「遭難」）　3回　　(2)　こちらは　　1回
　(3)　遭難している船舶の船舶局の呼出符号又は呼出名称　3回
②　遭難呼出しは、特定の無線局に□B□。

	A	B			A	B
1	メーデー	あてなければならない		2	パン　パン	あてなければならない
3	メーデー	あててはならない		4	パン　パン	あててはならない

A－13　次の記述は、遭難警報に対する海岸局の応答について述べたものである。無線局運用規則（第81条の8）の規定に照らし、□□□内に入れるべき最も適切な字句の組合せ

を下の1から4までのうちから一つ選べ。

　海岸局は、遭難警報を受信した場合において、これに応答するときは、　A　の電波を使用して、デジタル選択呼出装置により、電波法施行規則別図第1号3（遭難警報に対する応答）に定める構成のものを送信して行うものとする。この場合において、受信した遭難警報が　B　の電波を使用するものであるときは、受信から　C　の間隔を置いて送信するものとする。

	A	B	C
1	国際遭難周波数	超短波帯の周波数	1分以上2分45秒以下
2	国際遭難周波数	中短波帯又は短波帯の周波数	5秒以上1分以下
3	当該遭難警報を受信した周波数	超短波帯の周波数	5秒以上1分以下
4	当該遭難警報を受信した周波数	中短波帯又は短波帯の周波数	1分以上2分45秒以下

A-14　海上移動業務の無線局がその免許を取り消されることがあるときに関する次の記述のうち、電波法（第76条）の規定に照らし、この規定に定めるところに適合するものはどれか。下の1から4までのうちから一つ選べ。

1　免許人が電波法第73条（検査）第1項による無線局の検査を拒んだとき。

2　免許人が、電波法又は電波法に基づく命令に違反し、総務大臣から受けた無線局の運用の停止の命令、又は運用許容時間、周波数若しくは空中線電力の制限に従わないとき。

3　総務大臣が無線局の発射する電波の質が電波法第28条（電波の質）の総務省令で定めるものに適合していないと認めるとき。

4　免許人が電波法第52条（目的外使用の禁止等）の規定に違反して無線局を運用したとき。

B-1　次の記述は、海上移動業務の無線局の落成後の検査及び免許の拒否について述べたものである。電波法（第10条及び第11条）の規定に照らし、　　内に入れるべき最も適切な字句を下の1から10までのうちからそれぞれ一つ選べ。なお、同じ記号の　　内には、同じ字句が入るものとする。

①　電波法第8条の予備免許を受けた者は、　ア　は、その旨を総務大臣に届け出て、その　イ　、無線従事者の資格（主任無線従事者の要件に係るものを含む。以下②において同じ。）及び員数並びに　ウ　について検査を受けなければならない。

　答　　A-13：**4**　　　A-14：**2**

② ①の検査は、①の検査を受けようとする者が、当該検査を受けようとする イ 、無線従事者の資格及び員数並びに ウ について登録検査等事業者（注1）又は登録外国点検事業者（注2）が総務省令で定めるところにより行った当該登録に係る点検の結果を記載した書類を添えて①の届出をした場合においては、 エ を省略することができる。

注1 電波法第24条の2（検査等事業者の登録）第1項の登録を受けた者をいう。
　2 電波法第24条の13（外国点検事業者の登録等）第1項の登録を受けた者をいう。

③ 電波法第8条の予備免許を受けた者から、予備免許の際に指定した工事落成の期限（期限の延長があったときはその期限）経過後 オ ①の届出がないときは、総務大臣はその無線局の免許を拒否しなければならない。

1	工事が落成したとき	2	工事落成の期限の日になったとき
3	電波の型式、周波数及び空中線電力	4	無線設備
5	計器及び予備品	6	時計及び書類
7	当該検査		
8	その一部	9	2週間以内に
10	1箇月以内に		

B－2　海上移動業務の無線局の運用に関する次の記述のうち、電波法（第53条から第57条まで）の規定に照らし、これらの規定に定めるところに適合するものを1、これらの規定に定めるところに適合しないものを2として解答せよ。

ア　無線局を運用する場合においては、無線設備の設置場所、識別信号、電波の型式及び周波数は、その無線局の免許状に記載されたところによらなければならない。ただし、遭難通信については、この限りでない。

イ　無線局は、重要無線通信を行う無線局の運用を阻害するような混信その他の妨害を与えないようにする機能を有しなければならない。ただし、遭難通信については、この限りでない。

ウ　無線局を運用する場合においては、空中線電力は、その無線局の免許状に記載されたところによらなければならない。ただし、遭難通信、緊急通信、安全通信又は非常通信については、この限りでない。

エ　無線局は、無線設備の機器の試験又は調整を行うために運用するときは、なるべく擬似空中線回路を使用しなければならない。

オ　無線局は、免許状に記載された運用許容時間内でなければ、運用してはならない。ただし、遭難通信、緊急通信、安全通信、非常通信、放送の受信その他総務省令で定める通信を行う場合及び総務省令で定める場合は、この限りでない。

　答　　B－1：ア－1　イ－4　ウ－6　エ－8　オ－9
　　　　B－2：ア－1　イ－2　ウ－2　エ－1　オ－1

B－3　海上移動業務の無線局の一般通信方法における無線通信の原則に関する次の記述のうち、無線局運用規則（第10条）の規定に照らし、この規定に定めるところに適合するものを1、この規定に定めるところに適合しないものを2として解答せよ。

　ア　必要のない無線通信は、これを行ってはならない。

　イ　無線通信を行うときは、暗語を使用してはならない。

　ウ　無線通信に使用する用語は、できる限り簡潔でなければならない。

　エ　無線通信は、長い時間にわたって行ってはならない。

　オ　無線通信を行うときは、自局の識別信号を付して、その出所を明らかにしなければならない。

B－4　次の記述は、海上移動業務の無線局の無線電話による試験電波の発射について述べたものである。無線局運用規則（第14条、第18条及び第39条）の規定に照らし、[　　　]内に入れるべき最も適切な字句を下の1から10までのうちからそれぞれ一つ選べ。なお、同じ記号の[　　　]内には、同じ字句が入るものとする。

　①　無線局は、無線機器の試験又は調整のため電波の発射を必要とするときは、発射する前に自局の発射しようとする電波の[　ア　]によって聴守し、他の無線局の通信に混信を与えないことを確かめた後、次の(1)から(3)までの事項を順次送信しなければならない。

　　(1)　[　イ　]　　　　　3回　　　　(2)　こちらは　　　　　　1回

　　(3)　自局の呼出名称　　　3回

　②　更に1分間聴守を行い、他の無線局から停止の請求がない場合に限り、「[　ウ　]」の連続及び自局の呼出名称1回を送信しなければならない。この場合において、「[　ウ　]」の連続及び自局の呼出名称の送信は、[　エ　]を超えてはならない。

　③　①及び②の試験又は調整中は、しばしばその電波の周波数により聴守を行い、[　オ　]を確かめなければならない。

　1　周波数　　　　　　　2　周波数及びその他必要と認める周波数　　　3　各局

　4　ただいま試験中　　　5　試験電波発射中　　　6　本日は晴天なり　　　7　10秒間

　8　20秒間　　　　　　　9　他の無線局の通信に混信を与えないこと

　10　他の無線局から停止の要求がないかどうか

B－5　船舶局の無線業務日誌に関する次の記述のうち、電波法施行規則（第40条）の規定に照らし、この規定に定めるところに適合するものを1、この規定に定めるところに適合しないものを2として解答せよ。

　[答]　　B－3：ア－1　イ－2　ウ－1　エ－2　オ－1

　　　　　B－4：ア－2　イ－4　ウ－6　エ－7　オ－10

ア　無線業務日誌には、機器の故障の事実、原因及びこれに対する措置の内容を記載しなければならない。

イ　無線業務日誌には、通信のたびごとに次の(1)から(3)までの事項を記載しなければならない。

(1)　通信の開始及び終了の時刻

(2)　使用電波の型式及び周波数

(3)　相手局から通知を受けた事項の概要

ウ　無線業務日誌には、船舶の位置、方向、気象状況その他船舶の安全に関する事項の通信の概要を記載しなければならない。

エ　電波法又は電波法に基づく命令の規定に違反して運用した無線局を認めたときは、その事実を無線業務日誌に記載しなければならない。

オ　使用を終わった無線業務日誌は、使用を終わった日から3年間保存しなければならない。

B-6　海上移動業務における遭難通信、緊急通信及び安全通信に関する次の記述のうち、電波法（第66条から第68条まで）の規定に照らし、これらの規定に定めるところに適合するものを1、これらの規定に定めるところに適合しないものを2として解答せよ。

ア　海岸局及び船舶局は、遭難通信を受信したときは、他の一切の無線通信に優先して、直ちにこれに応答し、かつ、遭難している船舶又は航空機を救助するため最も便宜な位置にある無線局に対して通報する等総務省令で定めるところにより救助の通信に関し最善の措置をとらなければならない。

イ　海岸局及び船舶局は、その運用に支障がない限り安全通信を取り扱わなければならない。

ウ　海岸局及び船舶局は、遭難信号又は電波法第52条（目的外使用の禁止等）第1号の総務省令で定める方法により行われる無線通信を受信したときは、遭難通信を妨害するおそれのある電波の発射を直ちに中止しなければならない。

エ　海岸局及び船舶局は、安全信号又は電波法第52条（目的外使用の禁止等）第3号の総務省令で定める方法により行われる無線通信を受信したときは、その通信が自局に関係のないことを確認するまでその安全通信を受信しなければならない。

オ　海岸局及び船舶局は、緊急信号又は電波法第52条（目的外使用の禁止等）第2号の総務省令で定める方法により行われる無線通信を受信したときは、その通信が終了するまでその緊急通信を受信しなければならない。

答　　B-5：ア-1　イ-2　ウ-1　エ-1　オ-2

　　　　B-6：ア-1　イ-2　ウ-1　エ-1　オ-2

A－1　次の記述は、海上移動業務の無線局の免許後の変更について述べたものである。電波法（第17条）の規定に照らし、￣￣￣内に入れるべき最も適切な字句の組合せを下の１から４までのうちから一つ選べ。

　　免許人は、無線局の目的、通信の相手方、￣A￣を変更し、又は無線設備の変更の工事をしようとするときは、あらかじめ￣B￣ならない。ただし、無線設備の変更の工事であって、総務省令で定める軽微な事項のものについては、この限りでない。(注)

　　　注　海上移動業務の無線局が基幹放送をすることとすることを内容とする無線局の目的の変更は、これを行うことができない。

	A	B
1	通信事項、無線設備の設置場所、電波の型式、周波数若しくは空中線電力	総務大臣に届け出なければ
2	通信事項若しくは無線設備の設置場所	総務大臣に届け出なければ
3	通信事項若しくは無線設備の設置場所	総務大臣の許可を受けなければ
4	通信事項、無線設備の設置場所、電波の型式、周波数若しくは空中線電力	総務大臣の許可を受けなければ

A－2　次の表の各欄の記述は、それぞれ電波の型式の記号表示と主搬送波の変調の型式、主搬送波を変調する信号の性質及び伝送情報の型式に分類して表す電波の型式を示すものである。電波法施行規則（第４条の２）の規定に照らし、￣￣￣内に入れるべき最も適切な字句の組合せを下の１から４までのうちから一つ選べ。

電波の型式の記号	電　波　の　型　式		
	主搬送波の変調の型式	主搬送波を変調する信号の性質	伝送情報の型式
J3E	￣A￣	アナログ信号である単一チャネルのもの	電話（音響の放送を含む。）
G1B	角度変調で位相変調	￣B￣	電信（自動受信を目的とするもの）
A2D	振幅変調で両側波帯	デジタル信号である単一チャネルのものであって、変調のための副搬送波を使用するもの	￣C￣
P0N	パルス変調で無変調パルス列	変調信号のないもの	無情報

答　A－1：3

	A	B	C
1	振幅変調で低減搬送波による単側波帯	デジタル信号である2以上のチャネルのもの	データ伝送、遠隔測定又は遠隔指令
2	振幅変調で低減搬送波による単側波帯	デジタル信号である単一チャネルのものであって、変調のための副搬送波を使用しないもの	ファクシミリ
3	振幅変調で抑圧搬送波による単側波帯	デジタル信号である2以上のチャネルのもの	ファクシミリ
4	振幅変調で抑圧搬送波による単側波帯	デジタル信号である単一チャネルのものであって、変調のための副搬送波を使用しないもの	データ伝送、遠隔測定又は遠隔指令

A-3　無線従事者の免許に関する次の記述のうち、電波法（第41条）及び無線従事者規則（第50条及び第51条）の規定に照らし、これらの規定に定めるところに適合しないものはどれか。下の1から4までのうちから一つ選べ。

1　無線従事者が死亡し、又は失そうの宣告を受けたときは、戸籍法（昭和22年法律第224号）による死亡又は失そう宣告の届出義務者は、遅滞なく、その免許証を総務大臣又は総合通信局長（沖縄総合通信事務所長を含む。）に返納しなければならない。

2　無線従事者は、免許証を失ったために免許証の再交付を受けようとするときは、申請書に写真1枚を添えて総務大臣又は総合通信局長（沖縄総合通信事務所長を含む。）に提出しなければならない。

3　無線従事者は、免許の取消しの処分を受けたときは、その処分を受けた日から1箇月以内にその免許証を総務大臣又は総合通信局長（沖縄総合通信事務所長を含む。）に返納しなければならない。

4　無線従事者になろうとする者は、総務大臣の免許を受けなければならない。

A-4　船舶局及び海岸局の運用に関する次の記述のうち、電波法（第62条及び第63条）及び無線局運用規則（第22条）の規定に照らし、これらの規定に定めるところに適合しないものはどれか。下の1から4までのうちから一つ選べ。

1　船舶局は、自局の呼出しが他の既に行われている通信に混信を与える旨の通知を受けたときは、直ちにその呼出しを中止しなければならない。

2　海岸局は、常時運用しなければならない。ただし、総務省令で定める海岸局については、この限りでない。

答　A-2：4　　A-3：3

3　船舶局は、海岸局と通信を行う場合において、通信の順序若しくは時刻又は使用送信機若しくは空中線について、海岸局から指示を受けたときは、その指示に従わなければならない。

4　海岸局は、船舶局から自局の運用に妨害を受けたときは、妨害している船舶局に対して、その妨害を除去するために必要な措置をとることを求めることができる。

A－5　次の記述は、混信等の防止について述べたものである。電波法（第56条）の規定に照らし、□□□内に入れるべき最も適切な字句の組合せを下の1から4までのうちから一つ選べ。

　　無線局は、□A□又は電波天文業務の用に供する受信設備その他の総務省令で定める受信設備（無線局のものを除く。）で総務大臣が指定するものにその運用を阻害するような混信その他の妨害を□B□なければならない。ただし、□C□については、この限りでない。

	A	B	C
1	重要無線通信を行う無線局	与えない機能を有するもので	遭難通信、緊急通信、安全通信及び非常通信
2	他の無線局	与えないように運用し	遭難通信、緊急通信、安全通信及び非常通信
3	他の無線局	与えない機能を有するもので	遭難通信
4	重要無線通信を行う無線局	与えないように運用し	遭難通信

A－6　次の記述は、海上移動業務の無線局の無線電話通信における通報の送信について述べたものである。無線局運用規則（第14条、第18条及び第29条）の規定に照らし、□□□内に入れるべき最も適切な字句の組合せを下の1から4までのうちから一つ選べ。

①　呼出しに対し応答を受けたときは、相手局が「□A□」を送信した場合及び呼出しに使用した電波以外の電波に変更する場合を除き、直ちに通報の送信を開始するものとする。

②　通報の送信は、次に掲げる事項を順次送信して行うものとする。ただし、呼出しに使用した電波と同一の電波により送信する場合は、□B□に掲げる事項の送信を省略することができる。

(1)　相手局の呼出名称　　1回

答　　A－4：**3**　　　A－5：**2**

　(2)　こちらは　　　　　　　　1回

　(3)　自局の呼出名称　　　　　1回

　(4)　通報

　(5)　どうぞ　　　　　　　　　1回

③　②の送信において、通報は、　　C　　をもって終わるものとする。

	A	B	C
1	どうぞ	(1)から(3)まで	「以上」の語
2	どうぞ	(1)	「終わり」の語
3	お待ちください	(1)	「以上」の語
4	お待ちください	(1)から(3)まで	「終わり」の語

A－7　船舶局が無線電話の機器の試験又は調整のため電波の発射を必要とするとき、電波を発射する前に確かめなければならない事項に関する次の記述のうち、無線局運用規則（第18条及び第39条）の規定に照らし、これらの規定に定めるところに適合するものはどれか。下の1から4までのうちから一つ選べ。

　1　自局の発射しようとする電波の周波数及びその他必要と認める周波数によって聴守し、他の無線局の通信に混信を与えないことを確かめなければならない。

　2　自局の発射しようとする電波の空中線電力が通信を行うために必要最小のものであることを確かめなければならない。

　3　自局の発射しようとする電波の周波数と関連する遭難通信、緊急通信又は安全通信に使用する電波の周波数で、これらの通信が行われていないことを確かめなければならない。

　4　擬似空中線回路を使用して、発射しようとする電波の周波数の偏差を確かめなければならない。

A－8　海上移動業務の無線局におけるデジタル選択呼出通信（注）に関する次の記述のうち、無線局運用規則（第58条の5及び第58条の6）の規定に照らし、これらの規定に定めるところに適合しないものはどれか。下の1から4までのうちから一つ選べ。

　　　注　遭難通信、緊急通信及び安全通信に係るものを除く。

　1　自局に対する呼出しを受信したときは、海岸局にあっては5秒以上4分半以内に、船舶局にあっては5分以内に応答するものとする。

　2　応答は、次の(1)から(7)までに掲げる事項を送信するものとする。

　答　　A－6：4　　　A－7：1

(1) 呼出しの種類　　(2) 相手局の識別信号　　(3) 通報の種類

(4) 自局の識別信号　　(5) 通報の型式　　　(6) 通報の周波数等

(7) 終了信号

3　海岸局における呼出しは、45秒間以上の間隔を置いて2回送信することができる。

4　応答の送信に際して相手局の使用しようとする電波の周波数等によって通報を受信することができないときは、応答の際に送信する事項の「通報の周波数等」にその電波の周波数等では通報を受信することができない旨を明示するものとする。

A－9　次の記述は、遭難通信、緊急通信及び安全通信の取扱いについて述べたものである。電波法（第66条から第68条まで）の規定に照らし、□□□内に入れるべき最も適切な字句の組合せを下の1から4までのうちから一つ選べ。

①　海岸局及び船舶局は、遭難通信を受信したときは、他の一切の無線通信に優先して、直ちにこれに応答し、かつ、遭難している船舶又は航空機を救助するため □A□ に対して通報する等総務省令で定めるところにより救助の通信に関し最善の措置をとらなければならない。

②　無線局は、遭難信号又は電波法第52条（目的外使用の禁止等）第1号の総務省令で定める方法により行われる無線通信を受信したときは、□B□ を直ちに中止しなければならない。

③　海岸局及び船舶局は、緊急信号又は電波法第52条第2号の総務省令で定める方法により行われる無線通信を受信したときは、遭難通信を行う場合を除き、□C□ までの間（総務省令で定める場合には、少なくとも3分間）継続してその緊急通信を受信しなければならない。

④　海岸局及び船舶局は、速やかに、かつ、確実に安全通信を取り扱わなければならない。

	A	B	C
1	最も便宜な位置にある無線局	すべての電波の発射	その通信が終了する
2	最も便宜な位置にある無線局	遭難通信を妨害するおそれのある電波の発射	その通信が自局に関係のないことを確認する
3	通信可能の範囲内にあるすべての無線局	すべての電波の発射	その通信が自局に関係のないことを確認する
4	通信可能の範囲内にあるすべての無線局	遭難通信を妨害するおそれのある電波の発射	その通信が終了する

答　A－8：4　　A－9：2

A－10　次の記述は、誤った遭難警報を送信した場合の措置について述べたものである。無線局運用規則（第75条）の規定に照らし、□□□内に入れるべき最も適切な字句の組合せを下の1から4までのうちから一つ選べ。

①　無線局は、誤って遭難警報を送信した場合は、直ちにその旨を A へ通報しなければならない。

②　船舶局は、 B 誤った遭難警報を送信した場合は、当該遭難警報の周波数に関連する無線局運用規則第70条の2（使用電波）第1項第3号に規定する周波数の電波を使用して、無線電話により、次の(1)から(7)までに掲げる事項を順次送信して当該遭難警報を取り消す旨の通報を行わなければならない。

(1)　各局　　　　　　　　　　　　　　　　3回
(2)　こちらは　　　　　　　　　　　　　　1回
(3)　遭難警報を送信した船舶の船名　　　　3回
(4)　自局の呼出符号又は呼出名称　　　　　1回
(5)　海上移動業務識別　　　　　　　　　　1回
(6)　遭難警報取消し　　　　　　　　　　　1回
(7)　遭難警報を発射した時刻（協定世界時であること。）　1回

③　船舶局は、②に掲げる遭難警報の取消しを行ったときは、 C しなければならない。

	A	B	C
1	海上保安庁	無線電話により	適当な間隔をおいてその通報を少なくとも2回反復
2	海上保安庁	デジタル選択呼出装置を使用して	当該取消しの通報を行った周波数によって聴守
3	適当な海岸局	無線電話により	当該取消しの通報を行った周波数によって聴守
4	適当な海岸局	デジタル選択呼出装置を使用して	適当な間隔をおいてその通報を少なくとも2回反復

A－11　遭難警報に係る遭難通信の宰領を行う無線局に関する次の事項のうち、無線局運用規則（第83条）の規定に照らし、この規定に定めるところに該当する局はどれか。下の1から4までのうちから一つ選べ。

1　海上保安庁の無線局又はこれから遭難通信の宰領を依頼された無線局
2　遭難通報を送信した無線局

答　A－10：2

3 遭難船舶局

4 遭難船舶局又は遭難通報を送信した無線局から遭難通信の宰領を依頼された無線局

A－12 無線従事者が総務大臣からその免許の取消しを受け、又は3箇月以内の期間を定めてその業務に従事することを停止されるときに関する次の記述のうち、電波法（第79条）の規定に照らし、この規定に定めるところに適合しないものはどれか。下の1から4までのうちから一つ選べ。

1 無線従事者が著しく心身に欠陥があって無線従事者たるに適しない者に該当するに至ったとき。

2 無線従事者が電波法若しくは電波法に基づく命令又はこれらに基づく処分に違反したとき。

3 無線従事者が不正な手段により無線従事者の免許を受けたとき。

4 無線従事者が引き続き5年以上無線通信の業務に従事しなかったとき。

A－13 次の記述は、船舶局に係る免許状及び無線従事者免許証について述べたものである。電波法施行規則（第38条）の規定に照らし、□□□内に入れるべき最も適切な字句の組合せを下の1から4までのうちから一つ選べ。

① 船舶局に備え付けておかなければならない免許状は、 A の B に掲げておかなければならない。ただし、掲示を困難とするものについては、その掲示を要しない。

② 無線従事者は、その業務に従事しているときは、免許証を C していなければならない。

	A	B	C
1	主たる送信装置のある場所	見やすい箇所	携帯
2	主たる通信操作を行う場所	できる限り上部	携帯
3	主たる送信装置のある場所	できる限り上部	総合通信局長（沖縄総合通信事務所長を含む。）の要求に応じて提示することができる場所に保管
4	主たる通信操作を行う場所	見やすい箇所	総合通信局長（沖縄総合通信事務所長を含む。）の要求に応じて提示することができる場所に保管

A－14 使用を終わった無線業務日誌に関する次の記述のうち、電波法施行規則（第40条）の規定に照らし、この規定に定めるところに適合するものはどれか。下の1から4までのうちから一つ選べ。

答 A－11：1 A－12：4 A－13：1

1 使用を終わった無線業務日誌は、その無線局の免許が効力を失う日まで保存しなければならない。

2 使用を終わった無線業務日誌は、使用を終わった日から2年間保存しなければならない。

3 使用を終わった無線業務日誌は、総合通信局長（沖縄総合通信事務所長を含む。）に提出しなければならない。

4 使用を終わった無線業務日誌は、その無線局の次に行われる電波法第73条第1項の規定による検査（定期検査）の日まで保存しなければならない。

B－1 次の記述は、船舶局の開設の手続について述べたものである。電波法（第6条）の規定に照らし、□□□内に入れるべき最も適切な字句を下の1から10までのうちからそれぞれ一つ選べ。

船舶局の免許を受けようとする者は、申請書に、次の(1)から(9)までに掲げる事項を記載した書類を添えて、総務大臣に提出しなければならない。

(1) 目的　　　　　　　(2) 開設を必要とする理由
(3) 通信の相手方及び通信事項　　(4) 無線設備の設置場所
(5) ア 及び空中線電力　　(6) 希望する運用 イ
(7) 無線設備 (注) の工事設計及び工事 ウ
　注 電波法第30条（安全施設）及び第32条（計器及び予備品の備付け）の規定により備え付けなければならない設備を含む。
(8) 運用開始の予定期日　　(9) その船舶に関する次の事項
　イ エ 　　ロ 用途 　　ハ 総トン数 　　ニ 航行区域
　ホ オ 港 　　ヘ 信号符字 　　ト 旅客船であるときは、旅客定員
　チ その他電波法第6条第3項に定める事項

1 電波の型式、周波数　　2 電波の型式並びに希望する周波数の範囲
3 許容時間　　4 義務時間　　5 着手の予定期日
6 落成の予定期日　　7 運行者　　8 所有者
9 船籍　　10 主たる停泊

B－2 海上移動業務の無線局の運用に関する次の記述のうち、電波法（第52条から第55条まで及び第57条）の規定に照らし、これらの規定に定めるところに適合するものを1、適合しないものを2として解答せよ。

答　A－14：2
B－1：ア－2　イ－3　ウ－6　エ－8　オ－10

ア　無線局は、遭難通信、緊急通信、安全通信、非常通信、放送の受信その他総務省令で定める通信を行う場合を除き、免許状に記載された目的又は通信の相手方若しくは通信事項の範囲を超えて運用してはならない。

イ　無線局を運用する場合においては、遭難通信、緊急通信、安全通信及び非常通信を行う場合を除き、空中線電力は、免許状に記載されたところによらなければならない。

ウ　無線局を運用する場合においては、遭難通信を行う場合を除き、無線設備の設置場所、識別信号、電波の型式及び周波数は、免許状に記載されたところによらなければならない。

エ　無線局は、遭難通信を行う場合を除き、免許状に記載された運用義務時間内でなければ、運用してはならない。

オ　無線局は、無線設備の機器の試験又は調整を行うために運用するときは、なるべく擬似空中線回路を使用しなければならない。

B－3　入港中の船舶の船舶局を運用することができる場合に関する次の事項のうち、電波法施行規則（第37条）及び無線局運用規則（第40条）の規定に照らし、これらの規定に定めるところに該当するものを1、該当しないものを2として解答せよ。

ア　26.175MHz を超え470MHz 以下の周波数の電波により通信を行う場合

イ　無線機器の試験又は調整をするために通信を行う場合

ウ　無線局の免許人のための通信であって、急を要するものを海岸局との間で行う場合

エ　中短波帯の周波数の電波により、気象の照会又は時刻の照合のために海岸局と通信を行う場合

オ　無線通信によらなければ他に陸上との連絡手段がない場合であって、急を要する通報を海岸局に送信する場合

B－4　次の記述は、海上移動業務における電波の使用制限について述べたものである。無線局運用規則（第58条）の規定に照らし、□□□内に入れるべき最も適切な字句を下の1から10までのうちからそれぞれ一つ選べ。

①　　ア　、4,207.5kHz、6,312kHz、8,414.5kHz、12,577kHz 及び 16,804.5kHz の周波数の電波の使用は、　イ　を使用して　ウ　を行う場合に限る。

②　156.8MHz の周波数の電波の使用は、次の(1)から(3)までに掲げる場合に限る。

(1)　遭難通信、緊急通信（注）又は安全呼出しを行う場合

注　医事通報に係るものにあっては、緊急呼出しに限る。

答　B－2：ア－1　イ－2　ウ－1　エ－2　オ－1
　　B－3：ア－1　イ－1　ウ－2　エ－2　オ－1

  (2) 呼出し又は応答を行う場合

  (3)   エ を送信する場合

③ 156.8MHz の周波数の電波の使用は、できる限り短時間とし、かつ、 オ 以上にわたってはならない。ただし、遭難通信を行う場合は、この限りでない。

1	2,187.5kHz	2	2,182kHz	3	デジタル選択呼出装置	4	無線電話
5	遭難通信	6	遭難通信、緊急通信又は安全通信			7	準備信号
8	船舶の航行の安全に関し急を要する通報			9	1分	10	3分

B−5   船舶局においてその船舶の責任者の命令がなければ行うことができない呼出し又は通報の送信等に関する次の事項のうち、無線局運用規則（第71条）の規定に照らし、この規定に定めるところに該当するものを1、該当しないものを2として解答せよ。

  ア 船位通報の送信   イ 遭難呼出し又は遭難通報の送信

  ウ 緊急通報の告知の送信又は緊急呼出し   エ 遭難警報又は遭難警報の中継の送信

  オ 安全通報の告知の送信又は安全呼出し

B−6   海上移動業務の無線局における総務大臣に対する報告に関する次の記述のうち、電波法（第80条及び第81条）の規定に照らし、これらの規定に定めるところに適合するものを1、適合しないものを2として解答せよ。

  ア 無線局の免許人は、電波法又は電波法に基づく命令の規定に違反して運用した無線局を認めたときは、総務省令で定める手続により、総務大臣に報告しなければならない。

  イ 無線局の免許人は、外国において、当該外国の主管庁による無線局の検査を受け、その結果について指示を受けたときは、その事実及び措置の内容を総務省令で定める手続により、総務大臣に報告しなければならない。

  ウ 無線局の免許人は、電波法第39条（無線設備の操作）の規定に基づき、選任の届出をした主任無線従事者に無線設備の操作の監督に関し総務大臣の行う講習を受けさせたときは、総務省令で定める手続により、総務大臣に報告しなければならない。

  エ 無線局の免許人は、遭難通信を行ったときは、総務省令で定める手続により、総務大臣に報告しなければならない。

  オ 総務大臣は、無線通信の秩序の維持その他無線局の適正な運用を確保するため必要があると認めるときは、無線従事者に対し、無線局に関し報告を求めることができる。

 答   B−4：ア−1 イ−3 ウ−6 エ−7 オ−9

        B−5：ア−2 イ−1 ウ−1 エ−1 オ−2

        B−6：ア−1 イ−2 ウ−2 エ−1 オ−2

A－1　次の記述は、海上移動業務の無線局の廃止等について述べたものである。電波法（第22条から第24条まで及び第78条）の規定に照らし、□□□内に入れるべき最も適切な字句の組合せを下の１から４までのうちから一つ選べ。

① 免許人は、その無線局を廃止するときは、その旨を総務大臣に　A　なければならない。

② 免許人が無線局を廃止したときは、免許は、その効力を失う。

③ 無線局の免許がその効力を失ったときは、免許人であった者は、　B　以内にその免許状を返納しなければならない。

④ 無線局の免許がその効力を失ったときは、免許人であった者は、遅滞なく　C　その他の総務省令で定める電波の発射を防止するために必要な措置を講じなければならない。

	A	B	C
1	申請し	1箇月	送信装置及び空中線の撤去
2	申請し	3箇月	空中線の撤去
3	届け出	3箇月	送信装置及び空中線の撤去
4	届け出	1箇月	空中線の撤去

A－2　無線局（アマチュア無線局を除く。）の主任無線従事者に関する次の記述のうち、電波法（第39条）及び電波法施行規則（第34条の７）の規定に照らし、これらの規定に定めるところに適合しないものはどれか。下の１から４までのうちから一つ選べ。

1　無線局の免許人等（注）は、主任無線従事者を選任したときは、当該主任無線従事者に選任の日から３箇月以内に無線設備の操作の監督に関し総務大臣の行う講習を受けさせなければならない。

　　注　免許人又は登録人をいう。以下２において同じ。

2　無線局の免許人等は、主任無線従事者を選任したときは、遅滞なく、その旨を総務大臣に届け出なければならない。

3　電波法第39条（無線設備の操作）第４項の規定によりその選任の届出がされた主任無線従事者は、無線設備の操作の監督に関し総務省令で定める職務を誠実に行わなければならない。

答　A－1：4

4　主任無線従事者は、電波法第40条（無線従事者の資格）の定めるところにより、無線設備の操作の監督を行うことができる無線従事者であって、総務省令で定める事由に該当しないものでなければならない。

A－3　海上移動業務の無線局の運用に関する次の記述のうち、電波法（第53条、第55条、第56条及び第58条）の規定に照らし、これらの規定に定めるところに適合しないものはどれか。下の1から4までのうちから一つ選べ。

1　無線局を運用する場合においては、無線設備の設置場所、識別信号、電波の型式及び周波数は、免許状に記載されたところによらなければならない。ただし、遭難通信については、この限りでない。

2　海岸局及び船舶局の行う通信には、暗語を使用してはならない。

3　無線局は、免許状に記載された運用許容時間内でなければ、運用してはならない。ただし、遭難通信、緊急通信、安全通信、非常通信、放送の受信その他総務省令で定める通信を行う場合及び総務省令で定める場合は、この限りでない。

4　無線局は、他の無線局又は電波天文業務の用に供する受信設備その他の総務省令で定める受信設備（無線局のものを除く。）で総務大臣が指定するものにその運用を阻害するような混信その他の妨害を与えないように運用しなければならない。ただし、遭難通信、緊急通信、安全通信及び非常通信については、この限りでない。

A－4　次の記述は、海上移動業務の無線局を運用する場合の空中線電力について述べたものである。電波法（第54条）の規定に照らし、□□□内に入れるべき最も適切な字句の組合せを下の1から4までのうちから一つ選べ。

無線局を運用する場合においては、空中線電力は、次の(1)及び(2)に定めるところによらなければならない。ただし、□A□については、この限りでない。

(1)　免許状に記載された□B□であること。
(2)　通信を行うため□C□であること。

	A	B	C
1	遭難通信	ものの範囲内	必要最小のもの
2	遭難通信、緊急通信又は安全通信	ところによるもの	必要最小のもの
3	遭難通信、緊急通信又は安全通信	ものの範囲内	十分余裕のあるもの
4	遭難通信	ところによるもの	十分余裕のあるもの

A－5　次の記述は、海岸局及び船舶局の運用について述べたものである。電波法（第62条）の規定に照らし、_____内に入れるべき最も適切な字句の組合せを下の1から4までのうちから一つ選べ。

①　船舶局の運用は、その船舶の航行中に限る。ただし、__A__のみを運用するとき、遭難通信、緊急通信、安全通信、非常通信、放送の受信その他総務省令で定める通信を行うとき、その他総務省令で定める場合は、この限りでない。

②　海岸局は、船舶局から自局の運用に妨害を受けたときは、妨害している船舶局に対して、その妨害を除去するために__B__ことができる。

③　船舶局は、海岸局と通信を行う場合において、通信の順序若しくは時刻又は__C__について、海岸局から指示を受けたときは、その指示に従わなければならない。

	A	B	C
1	無線電話の送受信装置	臨時にその船舶局の運用の停止を命ずる	使用電波の型式若しくは周波数
2	無線電話の送受信装置	必要な措置をとることを求める	使用送信機若しくは空中線
3	受信装置	臨時にその船舶局の運用の停止を命ずる	使用送信機若しくは空中線
4	受信装置	必要な措置をとることを求める	使用電波の型式若しくは周波数

A－6　海上移動業務の無線電話通信における不確実な呼出しに対する応答に関する次の記述のうち、無線局運用規則（第14条、第18条及び第26条）の規定に照らし、これらの規定に定めるところに適合するものはどれか。下の1から4までのうちから一つ選べ。

1　無線局は、自局に対する呼出しを受信した場合において、呼出局の呼出名称が不確実であるときは、その呼出しが反復され、かつ、呼出局の呼出名称が確実に判明するまで応答してはならない。

2　無線局は、自局に対する呼出しであることが確実でない呼出しを受信したときは、応答事項のうち、相手局の呼出名称の代わりに「誰かこちらを呼びましたか」の語を使用して、直ちに応答しなければならない。

3　無線局は、自局に対する呼出しを受信した場合において、呼出局の呼出名称が不確実であるときは、応答事項のうち相手局の呼出名称の代わりに「誰かこちらを呼びましたか」の語を使用して、直ちに応答しなければならない。

4　無線局は、自局に対する呼出しを受信した場合において、呼出局の呼出名称が不確

答　　A－5：4

実であるときは、応答事項のうち相手局の呼出名称の代わりに「各局」の語を使用して、直ちに応答しなければならない。

A－7　入港中の船舶の船舶局を運用することができる場合に関する次の事項のうち、無線局運用規則（第40条）の規定に照らし、この規定に定めるところに該当しないものはどれか。下の1から4までのうちから一つ選べ。

1　無線通信によらなければ他に陸上との連絡手段がない場合であって、急を要する通報を海岸局に送信する場合

2　中短波帯の周波数の電波により、気象の照会又は時刻の照合のために海岸局と通信を行う場合

3　総務大臣又は総合通信局長（沖縄総合通信事務所長を含む。）が行う無線局の検査に際してその運用を必要とする場合

4　156MHz を超え 157.45MHz 以下の周波数帯の周波数の電波により港務用の無線局との間で港内における船舶の交通に関する通信を行う場合

A－8　次の記述は、海上移動業務におけるデジタル選択呼出通信（注）について述べたものである。無線局運用規則（第58条の6）の規定に照らし、　　　　内に入れるべき最も適切な字句の組合せを下の1から4までのうちから一つ選べ。

注　遭難通信、緊急通信及び安全通信を行う場合のものを除く。

① 自局に対する呼出しを受信したときは、海岸局にあっては5秒以上4分半以内に、船舶局にあっては　A　に応答するものとする。

② ①の応答は、次の(1)から(7)までに掲げる事項を送信するものとする。

(1)　　B　　　　　(2)　相手局の識別信号　　　(3)　通報の種類

(4)　自局の識別信号　　(5)　通報の型式　　　　(6)　通報の周波数等

(7)　終了信号

③ ②の送信に際して相手局の使用しようとする電波の周波数等によって通報を受信することができないときは、②の(6)の通報の周波数等に　C　を明示するものとする。

	A	B	C
1	5分以内	呼出しの種類	自局の希望する代わりの電波の周波数等
2	10分以内	呼出しの種類	その電波の周波数等では通報を受信することができない旨

答　A－6：3　　A－7：2

| 3 | 10分以内 | 呼出しである
ことの表示 | 自局の希望する代わりの電波の周波数等 |
| 4 | 5分以内 | 呼出しである
ことの表示 | その電波の周波数等では通報を受信することが
できない旨 |

A − 9　遭難通信を行う場合に関する次の事項のうち、電波法（第52条）の規定に照らし、この規定に定めるところに該当するものはどれか。下の1から4までのうちから一つ選べ。

1　船舶又は航空機が重大かつ急迫の危険に陥った場合又は陥るおそれがある場合
2　船舶又は航空機の航行に対する重大な危険を予防する場合
3　船舶又は航空機が重大かつ急迫の危険に陥った場合
4　船舶又は航空機が重大かつ急迫の危険に陥るおそれがある場合その他緊急の事態が発生した場合

A − 10　次の記述は、緊急通信の取扱い等について述べたものである。電波法（第67条）及び無線局運用規則（第93条）の規定に照らし、□□□内に入れるべき最も適切な字句の組合せを下の1から4までのうちから一つ選べ。

①　海岸局及び船舶局は、遭難通信に次ぐ優先順位をもって、緊急通信を取り扱わなければならない。

②　海岸局及び船舶局は、緊急信号又は電波法第52条（目的外使用の禁止等）第2号の総務省令で定める方法により行われる無線通信を受信したときは、□A□を除き、その通信が自局に関係のないことを確認するまでの間（モールス無線電信又は無線電話による緊急信号を受信した場合には、□B□）継続してその緊急通信を受信しなければならない。

③　海岸局又は船舶局は、自局に関係のある緊急通報を受信したときは、直ちにその海岸局又は□C□の責任者に通報する等必要な措置をしなければならない。

	A	B	C
1	現に通信中の場合	少なくとも3分間	船舶局
2	現に通信中の場合	少なくとも5分間	船舶
3	遭難通信を行う場合	少なくとも5分間	船舶局
4	遭難通信を行う場合	少なくとも3分間	船舶

答　　A − 8 : 1　　A − 9 : 3　　A − 10 : 4

A-11 遭難呼出し及び遭難通報の送信の反復に関する次の記述のうち、無線局運用規則（第81条）の規定に照らし、この規定に定めるところに適合するものはどれか。下の１から４までのうちから一つ選べ。

1 遭難呼出し及び遭難通報の送信は、他の無線局の通信に混信を与えるおそれがある場合を除き、遭難通報に対する応答があるまで、必要な間隔を置いて反復しなければならない。

2 遭難呼出し及び遭難通報の送信は、その遭難通報に対する応答があるまで、必要な間隔を置いて反復しなければならない。

3 遭難呼出し及び遭難通報の送信は、１分間以上の間隔を置いて２回反復し、これを反復しても応答がないときは、少なくとも３分間の間隔を置かなければ反復を再開してはならない。

4 遭難呼出し及び遭難通報は、少なくとも３回連続して送信し、適当な間隔を置いてこれを反復しなければならない。

A-12 次の記述は、無線局の免許人が国に納めるべき電波利用料について述べたものである。電波法（第103条の２）の規定に照らし、____内に入れるべき最も適切な字句の組合せを下の１から４までのうちから一つ選べ。なお、同じ記号の____内には、同じ字句が入るものとする。

① 免許人は、電波利用料として、無線局の免許の日から起算して__A__以内及びその後毎年その応当日（注１）から起算して__A__以内に、当該無線局の起算日（注２）から始まる各１年の期間（注３）について、電波法（別表第６）において無線局の区分に従って定める一定の金額（注４）を国に納めなければならない。

  注１ その無線局の免許の日に応当する日（応当する日がない場合は、その翌日）をいう。
  2 その無線局の免許の日又は応当日をいう。
  3 無線局の免許の日が２月29日である場合においてその期間がうるう年の前年の３月１日から始まるときは翌年の２月28日までの期間とし、起算日からその免許の有効期間の満了の日までの期間が１年に満たない場合はその期間とする。
  4 起算日からその免許の有効期間の満了の日までの期間が１年に満たない場合は、その額にその期間の月数を12で除して得た数を乗じて得た額に相当する金額とする。

② 免許人（包括免許人を除く。）は、①により電波利用料を納めるときには、__B__することができる。

③ 総務大臣は、電波利用料を納めない者があるときは、督促状によって、期限を指定して督促しなければならない。

答 A-11：2

	A	B
1	6月	その翌年の応当日以後の期間に係る電波利用料を前納
2	30日	当該1年の期間に係る電波利用料を2回に分割して納付
3	6月	当該1年の期間に係る電波利用料を2回に分割して納付
4	30日	その翌年の応当日以後の期間に係る電波利用料を前納

A-13 免許状に記載した事項に変更を生じたときに免許人が行うべき措置に関する次の記述のうち、電波法（第21条）の規定に照らし、この規定に定めるところに適合するものはどれか。下の1から4までのうちから一つ選べ。

1 免許人は、速やかにその免許状を訂正し、その後最初に行われる無線局の検査の際に検査職員の確認を受けなければならない。

2 免許人は、遅滞なくその免許状を返納し、免許状の再交付を受けなければならない。

3 免許人は、その免許状を総務大臣に提出し、訂正を受けなければならない。

4 免許人は、速やかにその免許状を訂正し、遅滞なくその旨を総務大臣に報告しなければならない。

A-14 次の記述は、無線局の検査結果の対応について述べたものである。電波法施行規則（第39条）の規定に照らし、□□□内に入れるべき最も適切な字句の組合せを下の1から4までのうちから一つ選べ。

免許人は、検査の結果について総務大臣又は総合通信局長（沖縄総合通信事務所長を含む。以下同じ。）から □A□ を受け相当な措置をしたときは、速やかにその措置の内容を総務大臣又は総合通信局長に □B□ なければならない。

	A	B
1	指示	報告し
2	指示	報告し、検査を受け
3	措置命令	報告し、検査を受け
4	措置命令	報告し

B-1 無線局の免許後の変更に関する次の事項のうち、電波法（第18条）の規定に照らし、免許人が変更検査（注）を受け、これに合格した後でなければ、その変更に係る部分を運用してはならないときに該当するものを1、該当しないものを2として解答せよ。

注 電波法第18条に定める総務大臣の行う検査をいう。

答 A-12：**4**　A-13：**3**　A-14：**1**

ア　無線設備の設置場所の変更について総務大臣の許可を受け、その変更を行ったとき（総務省令で定める場合を除く。）。

イ　識別信号の指定の変更を申請し、総務大臣からその指定の変更を受けたとき。

ウ　無線設備の変更の工事について総務大臣の許可を受け、その変更の工事を行ったとき（総務省令で定める場合を除く。）。

エ　船舶局のある船舶について、船舶の所有権の移転その他の理由により船舶を運行する者に変更があり、その免許人の地位を承継し、その旨を総務大臣に届け出たとき。

オ　総務大臣の許可を受けて船舶局の通信の相手方又は通信事項を変更したとき。

B－2　電波法第33条の規定により義務船舶局の無線設備に備えなければならない機器に関する次の事項のうち、電波法施行規則（第28条）の規定に照らし、「遭難自動通報設備の機器」に該当するものを1、これに該当しないものを2として解答せよ。

ア　船舶自動識別装置の機器

イ　超短波帯のデジタル選択呼出専用受信機

ウ　捜索救助用レーダートランスポンダ

エ　衛星非常用位置指示無線標識

オ　双方向無線電話

B－3　無線通信（注）の秘密の保護に関する次の記述のうち、電波法（第59条及び第109条）の規定に照らし、これらの規定に定めるところに適合するものを1、適合しないものを2として解答せよ。

　　注　電気通信事業法第4条（秘密の保護）第1項又は第164条（適用除外等）第3項の通信であるものを除く。

ア　何人も法律に別段の定めがある場合を除くほか、総務省令で定める周波数の電波を使用して行われるいかなる無線通信も傍受してその存在若しくは内容を漏らし、又はこれを窃用してはならない。

イ　無線局の取扱中に係る無線通信の秘密を漏らし、又は窃用した者は、1年以下の懲役又は50万円以下の罰金に処する。

ウ　何人も法律に別段の定めがある場合を除くほか、いかなる無線通信も傍受してその存在若しくは内容を漏らし、又はこれを窃用してはならない。

エ　無線通信の業務に従事する者がその業務に関し知り得た無線局の取扱中に係る無線通信の秘密を漏らし、又は窃用したときは、2年以下の懲役又は100万円以下の罰金

答　B－1：ア－1　イ－2　ウ－1　エ－2　オ－2

　　　B－2：ア－2　イ－2　ウ－1　エ－1　オ－2

に処する。

オ 何人も法律に別段の定めがある場合を除くほか、特定の相手方に対して行われる無線通信を傍受してその存在若しくは内容を漏らし、又はこれを窃用してはならない。

B-4 次の記述は、海上移動業務の無線電話通信における電波の発射前の措置について述べたものである。無線局運用規則（第18条及び第19条の2）の規定に照らし、□□内に入れるべき最も適切な字句を下の1から10までのうちからそれぞれ一つ選べ。

① 無線局は、相手局を呼び出そうとするときは、電波を発射する前に、□ア□に調整し、□イ□の周波数その他必要と認める周波数によって聴守し、□ウ□を確かめなければならない。ただし、遭難通信、緊急通信、安全通信及び電波法第74条（非常の場合の無線通信）第1項に規定する通信を行う場合は、この限りでない。

② ①の場合において、□エ□に混信を与えるおそれがあるときは、□オ□でなければ呼出しをしてはならない。

1 受信機を最良の感度　　　　　　2 送信機を最良の状態
3 遭難通信、緊急通信及び安全通信に使用する電波
4 自局の発射しようとする電波　　5 他の通信に混信を与えないこと
6 遭難通信、緊急通信又は安全通信が行われていないこと
7 他の通信　　　　　　　　　　　8 重要無線通信
9 少なくとも10分間経過した後　 10 その通信が終了した後

B-5 船舶局が安全通信を受信した場合に関する次の事項のうち、無線局運用規則（第99条）の規定に照らし、この規定に定めるところに該当するものを1、該当しないものを2として解答せよ。

ア 遅滞なく、その安全通信を受信した旨を海上保安庁その他の救助機関に通報しなければならない。

イ 直ちに安全通報の受信証を送信しなければならない。

ウ 直ちに付近を航行中の船舶の船舶局に対して安全通報を送信しなければならない。

エ 必要に応じて安全通信の要旨をその船舶の責任者に通知しなければならない。

オ 遭難通信及び緊急通信を行う場合を除くほか、これに混信を与える一切の通信を中止して直ちにその安全通信を受信しなければならない。

答	B-3：ア-2　イ-1　ウ-2　エ-1　オ-1
	B-4：ア-1　イ-4　ウ-5　エ-7　オ-10
	B-5：ア-2　イ-2　ウ-2　エ-1　オ-1

B-6 次の記述は、無線局の発射する電波が総務省令で定めるものに適合していないと認めるときに総務大臣がその無線局に対して行うことができる処分等について述べたものである。電波法（第72条及び第73条）の規定に照らし、◻内に入れるべき最も適切な字句を下の1から10までのうちからそれぞれ一つ選べ。なお、同じ記号の◻内には、同じ字句が入るものとする。

① 総務大臣は、無線局の発射する ア が電波法第28条の総務省令で定めるものに適合していないと認めるときは、当該無線局に対して臨時に イ を命ずることができる。

② 総務大臣は、①の命令を受けた無線局からその発射する ア が電波法第28条の総務省令の定めるものに適合するに至った旨の申出を受けたときは、その無線局に ウ なければならない。

③ 総務大臣は、②により発射する ア が電波法第28条の総務省令で定めるものに適合しているときは、直ちに エ しなければならない。

④ 総務大臣は、①の臨時に イ を命じたとき、②の申出があったとき、その他電波法の施行を確保するため特に必要があるときは、 オ ことができる。

1 電波の周波数の安定度　　　2 電波の質
3 運用の停止　　　　　　　　4 電波の発射の停止
5 電波の質の測定結果を報告させ　6 電波を試験的に発射させ
7 ①の運用の停止を解除　　　8 ①の電波の発射の停止を解除
9 その職員を無線局に派遣し、その無線設備等（注）を検査させる
10 免許人に対し、文書で報告を求める
　　注 その無線設備、無線従事者の資格及び員数並びに時計及び書類

A－1 次の記述は、用語の定義を述べたものである。電波法（第2条）の規定に照らし、 内に入れるべき最も適切な字句の組合せを下の1から4までのうちから一つ選べ。

① 「電波」とは、 A 以下の周波数の電磁波をいう。

② 「無線電信」とは、電波を利用して、符号を送り、又は受けるための通信設備をいう。

③ 「無線電話」とは、電波を利用して、 B を送り、又は受けるための通信設備をいう。

④ 「無線設備」とは、無線電信、無線電話その他電波を送り、又は受けるための電気的設備をいう。

⑤ 「無線局」とは、無線設備及び無線設備の操作を行う者の総体をいう。ただし、受信のみを目的とするものを含まない。

⑥ 「無線従事者」とは、 C を行う者であって、総務大臣の免許を受けたものをいう。

	A	B	C
1	300万メガヘルツ	音声	無線設備の操作の監督及びその保守
2	300万メガヘルツ	音声その他の音響	無線設備の操作又はその監督
3	500万メガヘルツ	音声その他の音響	無線設備の操作の監督及びその保守
4	500万メガヘルツ	音声	無線設備の操作又はその監督

A－2 次の記述は、海上移動業務の無線局の主任無線従事者の講習について述べたものである。電波法施行規則（第34条の7）の規定に照らし、 内に入れるべき最も適切な字句の組合せを下の1から4までのうちから一つ選べ。

① 免許人は、主任無線従事者を選任したときは、当該主任無線従事者に選任の日から A 以内に B に関し総務大臣の行う講習を受けさせなければならない。

② 免許人は、①の講習を受けた主任無線従事者にその講習を受けた日から C 以内に講習を受けさせなければならない。当該講習を受けた日以降についても同様とする。

③ ①及び②にかかわらず、船舶が航行中であるとき、その他総務大臣が①及び②によることが困難又は著しく不合理であると認めるときは、総務大臣が別に告示するところによる。

	A	B	C
1	3箇月	無線局の管理及び運用	5年

答 A－1：2

2	3箇月	無線設備の操作の監督	3年
3	6箇月	無線局の管理及び運用	3年
4	6箇月	無線設備の操作の監督	5年

A-3 海上移動業務の無線局の運用に関する次の記述のうち、電波法（第52条から第54条まで、第56条及び第57条）の規定に照らし、これらの規定に定めるところに適合しないものはどれか。下の1から4までのうちから一つ選べ。

1 無線局は、他の無線局又は電波天文業務の用に供する受信設備その他の総務省令で定める受信設備（無線局のものを除く。）で総務大臣が指定するものにその運用を阻害するような混信その他の妨害を与えないように運用しなければならない。ただし、遭難通信、緊急通信、安全通信又は非常通信については、この限りでない。

2 無線局を運用する場合においては、無線設備の設置場所、識別信号、電波の型式、周波数及び空中線電力は、免許状に記載されたところによらなければならない。ただし、遭難通信、緊急通信又は安全通信については、この限りでない。

3 無線局は、免許状に記載された目的又は通信の相手方若しくは通信事項の範囲を超えて運用してはならない。ただし、遭難通信、緊急通信、安全通信、非常通信、放送の受信その他総務省令で定める通信については、この限りでない。

4 無線局は、無線設備の機器の試験又は調整を行うために運用するときは、なるべく擬似空中線回路を使用しなければならない。

A-4 海上移動業務の無線局の聴守義務に関する次の記述のうち、電波法（第65条）及び無線局運用規則（第42条から第43条の2まで及び第44条の2）の規定に照らし、これらの規定に定めるところに適合しないものはどれか。下の1から4までのうちから一つ選べ。

1 海岸局にあっては、F3E電波156.8MHzの指定を受けているものは、その運用義務時間中、その周波数で聴守をしなければならない。

2 デジタル選択呼出装置を施設している船舶局及び海岸局であって、F1B電波2,187.5kHz及びF2B電波156.525MHzの指定を受けているものは、常時、これらの周波数で聴守をしなければならない。

3 船舶局であって電波法第33条（義務船舶局の無線設備の機器）の規定によりナブテックス受信機を備えるものは、F1B電波518kHzの聴守については、その周波数で海上安全情報を送信する無線局の通信圏の中にあるとき常時、F1B電波424kHzの聴守については、その周波数で海上安全情報を送信する無線局の通信圏として総務大臣

| 答 | A-2：4 | A-3：2 |

が別に告示するものの中にあるとき常時、F1B 電波 424kHz 又は 518kHz で聴守をしなければならない。

4 F3E 電波 156.65MHz 及び 156.8MHz の指定を受けている船舶局（旅客船又は総トン数300トン以上の船舶であって、国際航海に従事するものの船舶局を除く。）は、その船舶の航行中常時、F3E 電波 156.65MHz 及び 156.8MHz で聴守をしなければならない。

A－5　次の記述は、船舶局の遭難自動通報設備の機能試験について述べたものである。電波法施行規則（第38条の4）及び無線局運用規則（第8条の2）の規定に照らし、□□□内に入れるべき最も適切な字句の組合せを下の1から4までのうちから一つ選べ。

①　船舶局の遭難自動通報設備においては、　A　、別に告示する方法により、その無線設備の機能を確かめておかなければならない。

②　遭難自動通報設備を備える船舶局の免許人は、①により当該設備の機能試験をしたときは、実施の日及び試験の結果に関する記録を作成し、　B　なければならない。

	A	B
1	その船舶の航行中毎月1回以上	これを総務大臣に届け出
2	1年以内の期間ごとに	これを総務大臣に届け出
3	1年以内の期間ごとに	当該試験をした日から2年間、これを保存し
4	その船舶の航行中毎月1回以上	当該試験をした日から2年間、これを保存し

A－6　次の記述は、2,182kHz 及び 156.8MHz の周波数の電波の使用制限について述べたものである。無線局運用規則（第58条）に照らし、□□□内に入れるべき最も適切な字句の組合せを下の1から4までのうちから一つ選べ。

2,182kHz 及び 156.8MHz の周波数の電波の使用は、できる限り短時間とし、かつ、　A　以上にわたってはならない。ただし、　B　の周波数の電波を使用して遭難通信、緊急通信又は安全通信を行う場合及び　C　の周波数の電波を使用して遭難通信を行う場合は、この限りでない。

	A	B	C
1	1分	156.8MHz	2,182kHz
2	1分	2,182kHz	156.8MHz
3	2分	156.8MHz	2,182kHz
4	2分	2,182kHz	156.8MHz

答　A－4：**4**　　A－5：**3**　　A－6：**2**

A-7 一般通信方法における無線通信の原則に関する次の記述のうち、無線局運用規則（第10条）の規定に照らし、この規定に定めるところに適合しないものはどれか。下の1から4までのうちから一つ選べ。

1 無線通信を行うときは、暗語を使用してはならない。

2 無線通信を行うときは、自局の識別信号を付して、その出所を明らかにしなければならない。

3 必要のない無線通信は、これを行ってはならない。

4 無線通信に使用する用語は、できる限り簡潔でなければならない。

A-8 次の記述は、海上移動業務における無線電話通信の方法について述べたものである。無線局運用規則（第16条、第18条、第19条の2、第21条、第22条及び第58条の11）の規定に照らし、____内に入れるべき最も適切な字句の組合せを下の1から4までのうちから一つ選べ。

① 無線電話通信における通報の送信は、語辞を区切り、かつ、明瞭に発音して行わなければならない。

② 無線局は、相手局を呼び出そうとするときは、電波を発射する前に、受信機を最良の感度に調整し、自局の発射しようとする A によって聴守し、他の通信に混信を与えないことを確かめなければならない。ただし、遭難通信、緊急通信、安全通信及び電波法第74条（非常の場合の無線通信）第1項に規定する通信を行う場合は、この限りでない。

③ 呼出しは、 B をおいて2回反復することができる。呼出しを反復しても応答がないときは、少なくとも3分間の間隔をおかなければ、呼出しを再開してはならない。

④ 無線局は、自局の呼出しが他の既に行われている通信に混信を与える旨の通知を受けたときは、 C ならない。

	A	B	C
1	電波の周波数	1分間以上の間隔	直ちにその呼出しを中止しなければ
2	電波の周波数その他必要と認める周波数	1分間以上の間隔	空中線電力を低減して呼出しを行わなければ
3	電波の周波数	2分間の間隔	空中線電力を低減して呼出しを行わなければ
4	電波の周波数その他必要と認める周波数	2分間の間隔	直ちにその呼出しを中止しなければ

答 A-7：1 A-8：4

A-9 緊急信号を前置する方法その他総務省令で定める方法により行う緊急通信に関する次の事項のうち、電波法第52条の規定に照らし、緊急通信を行う場合に該当するものはどれか。下の1から4までのうちから一つ選べ。

1 船舶又は航空機が重大かつ急迫の危険に陥るおそれがある場合その他緊急の事態が発生した場合

2 船舶又は航空機の航行に対する重大な危険を予防する場合

3 船舶又は航空機が重大かつ急迫の危険に陥った場合又は陥るおそれがある場合

4 船舶又は航空機が重大かつ急迫の危険に陥った場合

A-10 次の記述は、他の無線局の遭難警報の中継の送信等について述べたものである。無線局運用規則（第78条）の規定に照らし、□□□内に入れるべき最も適切な字句の組合せを下の1から4までのうちから一つ選べ。

① 船舶又は航空機が遭難していることを知った船舶局又は海岸局は、次の(1)又は(2)に掲げる場合には、遭難警報の中継又は遭難通報を送信しなければならない。

　(1) 遭難している船舶の船舶局又は遭難している航空機の航空機局が　A　又は遭難通報を送信することができないとき。

　(2) 船舶又は海岸局の　B　が救助につき更に遭難警報の中継又は遭難通報を送信する必要があると認めたとき。

② ①の場合において、無線電話により遭難通報を送信しようとする場合における呼出しは、次の(1)から(4)までに掲げる事項を順次送信して行うものとする。(注)

　　注　156.8MHz の周波数の電波以外の電波を使用する場合又はその必要がないと認める場合若しくはそのいとまのない場合には、(1)の事項を省略することができる。

　(1) 警急信号　　　　　　1回
　(2) 　C　　　　　　　　3回
　(3) こちらは　　　　　　1回
　(4) 自局の呼出名称　　　3回

	A	B	C
1	自ら遭難警報	責任者又は無線従事者	各局
2	遭難通信に使用する電波で遭難警報	責任者	各局
3	自ら遭難警報	責任者	メーデーリレー（又は「遭難中継」）

答　A-9：1

4	遭難通信に使用する電波で	責任者又は無線従事者	メーデーリレー
	遭難警報		（又は「遭難中継」）

A-11 遭難通報等を受信した海岸局及び船舶局の執るべき措置に関する次の記述のうち、無線局運用規則（第81条の7）の規定に照らし、この規定に定めるところに適合しないものはどれか。下の1から4までのうちから一つ選べ。

1 海岸局及び船舶局は、遭難呼出しを受信したときは、これを受信した周波数で聴守を行わなければならない。

2 船舶局は、遭難通報を受信したときは、直ちにこれをその船舶の責任者に通知しなければならない。

3 船舶局は、携帯用位置指示無線標識の通報、衛星非常用位置指示無線標識の通報、捜索救助用レーダートランスポンダの通報又は捜索救助用位置指示送信装置の通報を受信したときは、直ちにこれをその船舶の責任者及び海上保安庁その他の救助機関に通報しなければならない。

4 海岸局は、遭難呼出しを受信し、これを受信した周波数で聴守を行った場合であって、その聴守において、遭難通報を受信し、かつ、遭難している船舶又は航空機が自局の付近にあることが明らかであるときは、直ちにその遭難通報に対して応答しなければならない。

A-12 無線局の免許人が、電波法又は電波法に基づく命令の規定に違反して運用した無線局を認めたときに執るべき措置に関する次の記述のうち、電波法（第80条）及び電波法施行規則（第42条の4）の規定に照らし、これらの規定に定めるところに適合するものはどれか。下の1から4までのうちから一つ選べ。

1 できる限りすみやかに、適宜の方法によって、電波法又は電波法に基づく命令の規定に違反して運用した無線局の無線従事者に通知しなければならない。

2 直ちに、適宜の方法によって、総務大臣又は総合通信局長（沖縄総合通信事務所長を含む。以下3において同じ。）に報告しなければならない。

3 できる限りすみやかに、文書によって、総務大臣又は総合通信局長に報告しなければならない。

4 その後最初に行われる無線局の検査において検査職員にその事実を通報しなければならない。

答 A-10：3 A-11：3 A-12：3

A－13　次の記述は、無線局の発射する電波の質が総務省令で定めるものに適合していないと認めるときに、総務大臣が免許人に対して行う処分等について述べたものである。電波法（第72条及び第73条）の規定に照らし、□□□内に入れるべき最も適切な字句の組合せを下の1から4までのうちから一つ選べ。なお、同じ記号の□□□内には、同じ字句が入るものとする。

① 総務大臣は、無線局の発射する電波の質が電波法第28条の総務省令で定めるものに適合していないと認めるときは、当該無線局に対して臨時に　A　の停止を命ずることができる。

② 総務大臣は、①の命令を受けた無線局からその発射する電波の質が電波法第28条の総務省令の定めるものに適合するに至った旨の申出を受けたときは、その無線局に　B　なければならない。

③ 総務大臣は、電波法第71条の5（技術基準適合命令）の無線設備の修理その他の必要な措置を執るべきことを命じたとき、①の　A　の停止を命じたとき、②の申出があったとき、無線局のある船舶又は航空機が外国へ出港しようとするとき、その他電波法の施行を確保するため特に必要があるときは、　C　ことができる。

	A	B	C
1	電波の発射	電波を試験的に発射させ	その職員を無線局に派遣し、その無線設備等（注1）を検査させる
2	無線局の運用	電波を試験的に発射させ	登録検査等事業者（注2）にその無線設備等（注1）を検査させる
3	電波の発射	電波の質の測定結果を報告させ	登録検査等事業者（注2）にその無線設備等（注1）を検査させる
4	無線局の運用	電波の質の測定結果を報告させ	その職員を無線局に派遣し、その無線設備等（注1）を検査させる

注1　無線設備、無線従事者の資格及び員数並びに時計及び書類
　2　電波法第24条の2（検査等事業者の登録）第1項の登録を受けた者をいう。

A－14　船舶局の無線業務日誌に記載すべき事項に関する次の記述のうち、電波法施行規則（第40条）の規定に照らし、この規定に定めるところに適合しないものはどれか。下の1から4までのうちから一つ選べ。

1　無線業務日誌には、通信のたびごとに通信の開始及び終了の時刻、相手局の識別信号、自局及び相手局の使用電波の型式及び周波数、使用した空中線電力並びに相手局から通知を受けた事項の概要を記載しなければならない。

答　A－13：1

2 無線業務日誌には、レーダーの維持の概要及びその機能上又は操作上に現れた特異現象の詳細を記載しなければならない。

3 無線業務日誌には、船舶の位置、方向、気象状況その他船舶の安全に関する事項の通信の概要を記載しなければならない。

4 無線業務日誌には、機器の故障の事実、原因及びこれに対する措置の内容を記載しなければならない。

B-1 次の記述は、海上移動業務の無線局の廃止等について述べたものである。電波法（第22条から第24条まで、第78条及び第113条）の規定に照らし、□□□内に入れるべき最も適切な字句を下の1から10までのうちからそれぞれ一つ選べ。

① 免許人は、その無線局を廃止するときは、その旨を総務大臣に □ア□ なければならない。

② 免許人が無線局を廃止したときは、免許は、その効力を失う。

③ 無線局の免許がその効力を失ったときは、免許人であった者は、□イ□ 以内にその免許状を □ウ□ しなければならない。

④ 無線局の免許がその効力を失ったときは、免許人であった者は、遅滞なく □エ□ の撤去その他の総務省令で定める電波の発射を防止するために必要な措置を講じなければならない。

⑤ ④に違反した者は、□オ□ に処する。

1	申請し	2	届け出	3	1週間	4	1箇月
5	廃棄	6	返納	7	送信装置及び空中線	8	空中線
9	30万円以下の罰金	10	100万円以下の罰金			

B-2 義務船舶局の無線設備（総務省令で定めるものを除く。）を設ける場所の要件に関する次の記述のうち、電波法（第34条）の規定に照らし、この規定に定めるところに適合するものを1、適合しないものを2として解答せよ。

ア 航海船橋又は航海船橋に隣接する場所であること。

イ 無線設備を設置するための無線通信室が他の室から独立して設けられた場所にあること。

ウ 当該無線設備につきできるだけ安全を確保することができるように、その場所が当該船舶において可能な範囲で高い位置にあること。

エ 当該無線設備の機能に障害を及ぼすおそれのある水、温度その他の環境の影響を受

答 A-14：1

B-1：ア-2 イ-4 ウ-6 エ-8 オ-9

けない場所であること。

オ 当該無線設備の操作に際し、機械的原因、電気的原因その他の原因による妨害を受けることがない場所であること。

B-3 次の記述は、船舶局の運用について述べたものである。電波法（第62条）の規定に照らし、□□□内に入れるべき最も適切な字句を下の1から10までのうちからそれぞれ一つ選べ。なお、同じ記号の□□□内には、同じ字句が入るものとする。

① 船舶局の運用は、その船舶の □ア□ に限る。ただし、□イ□ のみを運用するとき、遭難通信、緊急通信、安全通信、非常通信、放送の受信その他総務省令で定める通信を行うとき、その他総務省令で定める場合は、この限りでない。

② 海岸局は、船舶局から自局の運用に妨害を受けたときは、妨害している船舶局に対して、その妨害を除去するために □ウ□ ことができる。

③ 船舶局は、□エ□ と通信を行う場合において、通信の順序若しくは時刻又は □オ□ について、□エ□ から指示を受けたときは、その指示に従わなければならない。

1	航行中	2	航行中及び航行の準備中
3	送信装置	4	受信装置
5	電波の発射の停止を命ずる	6	必要な措置を執ることを求める
7	海岸局	8	海岸局又は他の船舶局
9	使用電波の型式若しくは周波数	10	周波数若しくは空中線電力

B-4 海上移動業務の無線電話通信における不確実な呼出しに対する応答に関する次の記述のうち、無線局運用規則（第14条、第18条及び第26条）の規定に照らし、これらの規定に定めるところに適合するものを1、適合しないものを2として解答せよ。

ア 無線局は、自局に対する呼出しを受信した場合において、呼出局の呼出名称が不確実であるときは、応答事項のうち相手局の呼出名称の代わりに「誰かこちらを呼びましたか」の語を使用して、直ちに応答しなければならない。

イ 無線局は、自局に対する呼出しを受信した場合において、呼出局の呼出名称が不確実であるときは、応答事項のうち相手局の呼出名称の代わりに「各局」の語を使用して、直ちに応答しなければならない。

ウ 無線局は、自局に対する呼出しであることが確実でない呼出しを受信したときは、応答事項のうち、相手局の呼出名称の代わりに「誰かこちらを呼びましたか」の語を使用して、直ちに応答しなければならない。

答	B-2：ア-2 イ-2 ウ-1 エ-1 オ-1
	B-3：ア-1 イ-4 ウ-6 エ-7 オ-9

エ　無線局は、自局に対する呼出しを受信した場合において、呼出局の呼出名称が不確実であるときは、その呼出しが反復され、かつ、呼出局の呼出名称が確実に判明するまで応答してはならない。

オ　無線局は、自局に対する呼出しであることが確実でない呼出しを受信したときは、その呼出しが反復され、かつ、自局に対する呼出しであることが確実に判明するまで応答してはならない。

B-5　海上移動業務における遭難通信、緊急通信及び安全通信に関する次の記述のうち、電波法（第66条から第68条まで）の規定に照らし、これらの規定に定めるところに適合するものを1、適合しないものを2として解答せよ。

ア　海岸局及び船舶局は、緊急信号又は電波法第52条（目的外使用の禁止等）第2号の総務省令で定める方法により行われる無線通信を受信したときは、その通信が終了するまでその緊急通信を受信しなければならない。

イ　海岸局及び船舶局は、遭難通信を受信したときは、他の一切の無線通信に優先して、直ちにこれに応答し、かつ、遭難している船舶又は航空機を救助するため最も便宜な位置にある無線局に対して通報する等総務省令で定めるところにより救助の通信に関し最善の措置をとらなければならない。

ウ　海岸局及び船舶局は、その運用に支障がない限り安全通信を取り扱わなければならない。

エ　海岸局及び船舶局は、安全信号又は電波法第52条（目的外使用の禁止等）第3号の総務省令で定める方法により行われる無線通信を受信したときは、その通信が自局に関係のないことを確認するまでその安全通信を受信しなければならない。

オ　海岸局及び船舶局は、遭難信号又は電波法第52条（目的外使用の禁止等）第1号の総務省令で定める方法により行われる無線通信を受信したときは、遭難通信を妨害するおそれのある電波の発射を直ちに中止しなければならない。

B-6　海上移動業務の無線局の免許状に関する次の記述のうち、電波法（第14条及び第21条）、電波法施行規則（第38条）及び無線局免許手続規則（第23条）の規定に照らし、これらの規定に定めるところに適合するものを1、適合しないものを2として解答せよ。

ア　総務大臣は、無線局の免許を与えたときは、免許状を交付するものとし、免許状には、免許の年月日及び免許の番号、免許人の氏名又は名称及び住所、無線局の種別、無線局の目的、通信の相手方及び通信事項、無線設備の設置場所、免許の有効期間、

識別信号、電波の型式及び周波数、空中線電力並びに運用許容時間を記載しなければ
ならない。

イ　船舶局に備え付けておかなければならない免許状は、主たる通信操作を行う場所の
見やすい箇所に掲げておかなければならない。ただし、掲示を困難とするものについ
ては、その掲示を要しない。

ウ　免許人は、免許状に記載した事項に変更を生じたときは、その免許状を総務大臣に
提出し、訂正を受けなければならない。

エ　船上通信局にあってはその無線設備の常置場所に免許状を備え付けなければならな
い。

オ　免許人は、免許状を破損したために免許状の再交付を申請しようとするときは、理
由及び免許の番号並びに識別信号を記載した申請書を総務大臣又は総合通信局長（沖
縄総合通信事務所長を含む。）に提出しなければならず、免許状の再交付を受けたと
きは、遅滞なくその旧免許状を廃棄しなければならない。

答　　B－6：ア－1　イ－2　ウ－1　エ－1　オ－2

令和4年2月期

A-1 次の記述は、海上移動業務の無線局の免許後の変更について述べたものである。電波法（第17条）の規定に照らし、____内に入れるべき最も適切な字句の組合せを下の1から4までのうちから一つ選べ。

免許人は、無線局の目的、通信の相手方、 A を変更し、又は無線設備の変更の工事をしようとするときは、あらかじめ B ならない。ただし、無線設備の変更の工事であって、総務省令で定める軽微な事項のものについては、この限りでない。(注)

注 基幹放送をすることとすることを内容とする無線局の目的の変更は、これを行うことができない。

	A	B
1	通信事項若しくは無線設備の設置場所	総務大臣の許可を受けなければ
2	通信事項若しくは無線設備の設置場所	総務大臣に届け出なければ
3	通信事項、無線設備の設置場所、電波の型式、周波数若しくは空中線電力	総務大臣に届け出なければ
4	通信事項、無線設備の設置場所、電波の型式、周波数若しくは空中線電力	総務大臣の許可を受けなければ

A-2 次の記述は、義務船舶局の無線設備の条件について述べたものである。無線設備規則（第38条及び第38条の4）の規定に照らし、____内に入れるべき最も適切な字句の組合せを下の1から4までのうちから一つ選べ。

① 義務船舶局に備えなければならない無線電話であって、 A を使用するものの空中線は、船舶のできる限り上部に設置されたものでなければならない。

② ①の無線電話は、航海船橋において通信できるものでなければならない。

③ 義務船舶局に備えなければならない無線設備（遭難自動通報設備を除く。）は、通常操船する場所において、 B を送り、又は受けることができるものでなければならない。

④ 義務船舶局に備えなければならない C は、通常操船する場所から遠隔制御できるものでなければならない。ただし、通常操船する場所の近くに設置する場合はこの限りでない。

⑤ ②から④までの規定は、船体の構造その他の事情により総務大臣が当該規定によることが困難又は不合理であると認めて別に告示する無線設備については、適用しない。

答 A-1：1

	A	B	C
1	F3E 電波 156.8MHz	遭難通信	衛星非常用位置指示無線標識
2	J3E 電波 2,182kHz	遭難通信及び航行の安全に関する通信	衛星非常用位置指示無線標識
3	J3E 電波 2,182kHz	遭難通信	衛星非常用位置指示無線標識及び捜索救助用レーダートランスポンダ
4	F3E 電波 156.8MHz	遭難通信及び航行の安全に関する通信	衛星非常用位置指示無線標識及び捜索救助用レーダートランスポンダ

A - 3　次に掲げる通信のうち、漁船の船舶局が免許状に記載された目的又は通信の相手方若しくは通信事項の範囲を超えて運用することができる通信に該当しないものはどれか。電波法（第52条）及び電波法施行規則（第37条）の規定に照らし、下の1から4までのうちから一つ選べ。

1　気象の照会のために行う海岸局との間の通信

2　遭難通信、緊急通信又は安全通信

3　電気通信業務の通信

4　無線機器の試験又は調整をするために行う通信

A - 4　次の記述は、混信等の防止について述べたものである。電波法（第56条）の規定に照らし、◻内に入れるべき最も適切な字句の組合せを下の1から4までのうちから一つ選べ。

　無線局は、◻A◻又は電波天文業務の用に供する受信設備その他の総務省令で定める受信設備（無線局のものを除く。）で総務大臣が指定するものにその運用を阻害するような混信その他の妨害を◻B◻なければならない。ただし、◻C◻については、この限りでない。

	A	B	C
1	重要無線通信を行う無線局	与えない機能を有するもので	遭難通信、緊急通信、安全通信及び非常通信
2	重要無線通信を行う無線局	与えないように運用し	遭難通信
3	他の無線局	与えない機能を有するもので	遭難通信
4	他の無線局	与えないように運用し	遭難通信、緊急通信、安全通信及び非常通信

答　A - 2 : 1　　A - 3 : 3　　A - 4 : 4

A－5　船舶局及び海岸局の運用に関する次の記述のうち、電波法（第62条及び第63条）の規定に照らし、これらの規定に定めるところに適合しないものはどれか。下の1から4までのうちから一つ選べ。

1　船舶局は、海岸局と通信を行う場合において、通信の順序若しくは時刻又は使用電波の型式若しくは周波数について、海岸局から指示を受けたときは、その指示に従わなければならない。

2　海岸局は、船舶局から自局の運用に妨害を受けたときは、妨害している船舶局に対して、その妨害を除去するためにその運用の停止を命ずることができる。

3　海岸局は、常時運用しなければならない。ただし、総務省令で定める海岸局については、この限りでない。

4　船舶局の運用は、その船舶の航行中に限る。ただし、受信装置のみを運用するとき、遭難通信、緊急通信、安全通信、非常通信、放送の受信その他総務省令で定める通信を行うとき、その他総務省令で定める場合は、この限りでない。

A－6　次の記述は、義務船舶局の無線設備の機能試験について述べたものである。無線局運用規則（第6条、第8条及び第8条の2）の規定に照らし、□□□内に入れるべき最も適切な字句の組合せを下の1から4までのうちから一つ選べ。

①　義務船舶局の無線設備（デジタル選択呼出装置による通信を行うものに限る。）は、その船舶の航行中□A□、当該無線設備の試験機能を用いて、その機能を確かめておかなければならない。

②　①により機能を確かめた結果、その機能に異状があると認めたときは、その旨を□B□しなければならない。

③　義務船舶局の遭難自動通報設備においては、□C□に、別に告示する方法により、その無線設備の機能を確かめておかなければならない。

	A	B	C
1	毎週1回以上	免許人に報告	1年以内の期間ごと
2	毎日1回以上	免許人に報告	6箇月以内の期間ごと
3	毎日1回以上	船舶の責任者に通知	1年以内の期間ごと
4	毎週1回以上	船舶の責任者に通知	6箇月以内の期間ごと

答　A－5：2　　A－6：3

A－7 次の記述は、無線電話通信における通報の送信等について述べたものである。無線局運用規則（第16条）の規定に照らし、◻内に入れるべき最も適切な字句の組合せを下の1から4までのうちから一つ選べ。

① 無線電話通信における通報の送信は、◻A◻行わなければならない。

② 遭難通信、緊急通信又は安全通信に係る①の送信速度は、◻B◻でなければならない。

	A	B
1	語辞を区切り、かつ、明りょうに発音して	受信者が筆記できる程度のもの
2	できる限り簡潔に、かつ、確実に	原則として、1分間について50字を超えないもの
3	語辞を区切り、かつ、明りょうに発音して	原則として、1分間について50字を超えないもの
4	できる限り簡潔に、かつ、確実に	受信者が筆記できる程度のもの

A－8 海上移動業務の無線電話通信における電波を発射する前の措置に関する次の記述のうち、無線局運用規則（第18条、第19条の2及び第39条）の規定に照らし、これらの規定に定めるところに適合するものはどれか。下の1から4までのうちから一つ選べ。

1 無線局は、相手局を呼び出そうとするときは、電波を発射する前に、受信機を最良の感度に調整し、自局の発射しようとする電波の周波数その他必要と認める周波数によって聴守し、他の通信に混信を与えないことを確かめなければならない。ただし、遭難通信、緊急通信、安全通信及び電波法第74条（非常の場合の無線通信）第1項に規定する通信を行う場合は、この限りでない。

2 無線局は、相手局を呼び出そうとするときは、電波を発射する前に、送信機を最良の動作状態に調整し、自局の発射しようとする電波の周波数によって聴守し、他の通信に混信を与えないことを確かめなければならない。ただし、遭難通信、緊急通信、安全通信及び電波法第74条（非常の場合の無線通信）第1項に規定する通信を行う場合は、この限りでない。

3 無線局は、相手局を呼び出そうとするときは、電波を発射する前に、送信機を最良の動作状態に調整し、自局の発射しようとする電波の周波数その他必要と認める周波数によって聴守し、他の通信に混信を与えないことを確かめなければならない。ただし、遭難通信を行う場合は、この限りでない。

◻答◻ A－7：1

4　無線局は、相手局を呼び出そうとするときは、試験電波を発射し、他の無線局から停止の請求がないことを確かめなければならない。ただし、遭難通信を行う場合は、この限りでない。

A-9　海上移動業務の無線局におけるデジタル選択呼出通信（注）に関する次の記述のうち、無線局運用規則（第58条の5及び第58条の6）の規定に照らし、これらの規定に定めるところに適合しないものはどれか。下の1から4までのうちから一つ選べ。

　　注　遭難通信、緊急通信及び安全通信に係るものを除く。

1　自局に対する呼出しを受信したときは、海岸局にあっては5秒以上4分半以内に、船舶局にあっては5分以内に応答するものとする。

2　応答の送信に際して相手局の使用しようとする電波の周波数等によって通報を受信することができないときは、応答の際に送信する事項の「通報の周波数等」にその電波の周波数等では通報を受信することができない旨を明示するものとする。

3　海岸局における呼出しは、45秒間以上の間隔をおいて2回送信することができる。

4　応答は、次の(1)から(7)までに掲げる事項を送信するものとする。

　(1)　呼出しの種類　　　(2)　相手局の識別信号　　　(3)　通報の種類

　(4)　自局の識別信号　　(5)　通報の型式　　　　　　(6)　通報の周波数等

　(7)　終了信号

A-10　次の記述は、海上移動業務の無線電話通信における遭難通報の送信について述べたものである。無線局運用規則（第77条）の規定に照らし、_____内に入れるべき最も適切な字句の組合せを下の1から4までのうちから一つ選べ。

　①　遭難呼出しを行った無線局は、▢ A ▢、遭難通報を送信しなければならない。

　②　遭難通報は、無線電話により次の(1)から(3)までに掲げる事項を順次送信して行うものとする。

　　(1)　「▢ B ▢」又は「遭難」

　　(2)　遭難した船舶又は航空機の▢ C ▢

　　(3)　遭難した船舶又は航空機の位置、遭難の種類及び状況並びに必要とする救助の種類その他救助のため必要な事項

　③　②の(3)の位置は、原則として経度及び緯度をもって表わすものとする。但し、著名な地理上の地点からの真方位及び海里で示す距離によって表すことができる。

▢答▢　A-8：1　　A-9：2

	A	B	C
1	できる限りすみやかにその遭難呼出しに続いて	ディストレス	所有者又は運行者
2	遭難呼出しに対する応答を受信した後すみやかに	メーデー	所有者又は運行者
3	遭難呼出しに対する応答を受信した後すみやかに	ディストレス	名称又は識別
4	できる限りすみやかにその遭難呼出しに続いて	メーデー	名称又は識別

A-11　次に掲げる無線局のうち、遭難警報に係る遭難通信の宰領を行う無線局に該当するものはどれか。無線局運用規則（第83条）の規定に照らし、下の1から4までのうちから一つ選べ。
1　遭難船舶局
2　遭難通報を送信した無線局
3　海上保安庁の無線局又はこれから遭難通信の宰領を依頼された無線局
4　遭難船舶局又は遭難通報を送信した無線局から遭難通信の宰領を依頼された無線局

A-12　次に掲げる事項のうち、免許人が電波法又は電波法に基づく命令又はこれらに基づく処分に違反したときに、総務大臣から受けることがある命令又は制限に該当しないものはどれか。電波法（第76条第1項）の規定に照らし、下の1から4までのうちから一つ選べ。
1　期間を定めて行われる無線局の周波数又は空中線電力の制限
2　3月以内の期間を定めて行われる無線局の運用の停止の命令
3　期間を定めて行われる無線局の運用許容時間の制限
4　3月以内の期間を定めて行われる無線局の通信の相手方又は通信事項の制限

A-13　次に掲げる書類のうち、義務船舶局（国際航海に従事する船舶の船舶局を除く。）に備え付けておかなければならない書類に該当しないものはどれか。電波法施行規則（第38条）の規定に照らし、下の1から4までのうちから一つ選べ。
1　免許状
2　電波法及びこれに基づく命令の集録
3　無線従事者選解任届の写し
4　無線局の免許の申請書の添付書類の写し

答　A-10：4　　A-11：3　　A-12：4　　A-13：2

A‐14 次の記述は、無線局の検査結果の対応について述べたものである。電波法施行規則（第39条）の規定に照らし、□□□内に入れるべき最も適切な字句の組合せを下の1から4までのうちから一つ選べ。

免許人は、検査の結果について総務大臣又は総合通信局長（沖縄総合通信事務所長を含む。以下同じ。）から A を受け相当な措置をしたときは、速やかにその措置の内容を総務大臣又は総合通信局長に B なければならない。

	A	B
1	措置命令	報告し、検査を受け
2	指示	報告し、検査を受け
3	指示	報告し
4	措置命令	報告し

B‐1 次の記述は、海上移動業務の無線局の免許の有効期間及び再免許について述べたものである。電波法（第13条）、電波法施行規則（第7条及び第8条）及び無線局免許手続規則（第18条及び第19条）の規定に照らし、□□□内に入れるべき最も適切な字句を下の1から10までのうちからそれぞれ一つ選べ。

① 免許の有効期間は、免許の日から起算して ア において総務省令で定める。ただし、再免許を妨げない。

② 義務船舶局の免許の有効期間は、①にかかわらず、無期限とする。

③ 海岸局の免許の有効期間は、 イ とする。

④ ③の免許の有効期間は、同一の種別に属する無線局について同時に有効期間が満了するよう総務大臣が定める一定の時期に免許をした無線局に適用があるものとし、免許をする時期がこれと異なる無線局の免許の有効期間は、③にかかわらず、当該一定の時期に免許を受けた当該種別の無線局に係る免許の有効期間の満了の日までの期間とする。

⑤ ③の無線局の再免許の申請は、免許の有効期間満了前 ウ を超えない期間において行わなければならない。（注）

　　注　無線局免許手続規則第18条（申請の期間）第1項ただし書及び同条第2項において別に定める場合を除く。

⑥ 総務大臣は、電波法第7条（申請の審査）の規定により再免許の申請を審査した結果、その申請が同条第1項各号の規定に適合していると認めるときは、申請者に対し、次の(1)から(4)までに掲げる事項を指定して、 エ を与える。

(1) 電波の型式及び周波数　　(2) 識別信号

(3) オ 　　(4) 運用許容時間

答　A‐14：3

1	5年を超えない範囲内	2	10年を超えない範囲内	3	5年	4 3年
5	3箇月以上6箇月	6	1箇月以上1年	7	無線局の予備免許	
8	無線局の免許	9	実効輻射電力	10	空中線電力	

B-2 次に掲げる無線設備の操作(注)のうち、電波法施行令(第3条)の規定に照らし、第四級海上無線通信士が行うことのできる操作に該当するものを1、該当しないものを2として解答せよ。

　　注 モールス符号による通信操作及び国際通信のための通信操作並びに多重無線設備の技術操作を除く。

ア 船舶局の空中線電力500ワット以下の狭帯域直接印刷電信装置による通信を行う無線設備の操作

イ 海岸局の空中線電力125ワット以下の無線電話の操作

ウ 船舶局のレーダーの外部の転換装置で電波の質に影響を及ぼさないものの技術操作

エ 船舶局の空中線電力250ワット以下の無線電話の操作

オ 電気通信業務を行うことを目的とする船舶地球局の無線設備の操作

B-3 海上移動業務の無線電話通信における呼出し及び応答に関する次の記述のうち、無線局運用規則(第18条、第20条、第22条、第23条、第26条及び第58条の11)の規定に照らし、これらの規定に定めるところに適合するものを1、適合しないものを2として解答せよ。

ア 無線局は、自局の呼出しが他の既に行われている通信に混信を与える旨の通知を受けたときは、直ちにその呼出しを中止しなければならない。

イ 応答は、「(1) 相手局の呼出名称　1回　　(2) こちらは　1回　　(3) 自局の呼出名称　1回」を順次送信して行うものとする。

ウ 無線局は、自局に対する呼出しを受信したときは、直ちに応答しなければならない。

エ 無線局は、自局に対する呼出しであることが確実でない呼出しを受信したときは、応答事項のうち相手局の呼出名称の代わりに「誰かこちらを呼びましたか」の語を使用して直ちに応答しなければならない。

オ 呼出しは、「(1) 相手局の呼出名称　3回以下　　(2) こちらは　1回　　(3) 自局の呼出名称　3回以下」を順次送信して行うものとする。

答　B-1：ア-1　イ-3　ウ-5　エ-8　オ-10
　　　B-2：ア-2　イ-1　ウ-1　エ-1　オ-2
　　　B-3：ア-1　イ-2　ウ-1　エ-2　オ-1

B - 4 次の記述は、遭難通信の定義及び遭難通信を受信したときにとるべき措置について述べたものである。電波法（第52条及び第66条）の規定に照らし、□□□内に入れるべき最も適切な字句を下の１から10までのうちからそれぞれ一つ選べ。

① 遭難通信とは、船舶又は航空機が□ア□に遭難信号を前置する方法その他総務省令で定める方法により行う無線通信をいう。

② 海岸局及び船舶局は、遭難通信を受信したときは、□イ□、直ちにこれに応答し、かつ、遭難している船舶又は航空機を救助するため□ウ□に対して通報する等総務省令で定めるところにより□エ□に関し最善の措置をとらなければならない。

③ 無線局は、遭難信号又は電波法第52条（目的外使用の禁止等）第１号の総務省令で定める方法により行われる無線通信を受信したときは、□オ□を直ちに中止しなければならない。

1 重大かつ急迫の危険に陥った場合又は陥るおそれがある場合

2 重大かつ急迫の危険に陥った場合

3 現に通信中の場合を除き

4 他の一切の無線通信に優先して

5 最も便宜な位置にある無線局

6 通信可能の範囲内にあるすべての無線局

7 遭難通信の宰領

8 救助の通信

9 遭難通信を妨害するおそれのある電波の発射

10 すべての電波の発射

B - 5 次に掲げる事項のうち、無線局運用規則（第71条）の規定に照らし、船舶局においてその船舶の責任者の命令がなければ行うことができないものに該当するものを１、該当しないものを２として解答せよ。

ア 遭難警報又は遭難警報の中継の送信

イ 遭難呼出し又は遭難通報の送信

ウ 安全通報の告知の送信又は安全呼出し

エ 船位通報の送信

オ 緊急通報の告知の送信又は緊急呼出し

B-6　次に掲げる事項のうち、電波法（第28条及び第72条）の規定に照らし、総務大臣が無線局に対して臨時に電波の発射の停止を命ずることができるときに該当するものを1、該当しないものを2として解答せよ。

ア　無線局の発射する電波が他の無線局の通信に混信を与えていると認めるとき。

イ　無線局の発射する電波の周波数の幅が総務省令で定めるものに適合していないと認めるとき。

ウ　無線局の発射する電波の周波数の偏差が総務省令で定めるものに適合していないと認めるとき。

エ　無線局の発射する電波の周波数の安定度が総務省令で定めるものに適合していないと認めるとき。

オ　無線局の免許人が免許状に記載された空中線電力の範囲を超えて運用していると認めるとき。

答　B-6：ア-2　イ-1　ウ-1　エ-2　オ-2

A-1 次の記述は、申請による周波数等の変更について述べたものである。電波法（第19条）の規定に照らし、□□□内に入れるべき最も適切な字句の組合せを下の1から4までのうちから一つ選べ。

総務大臣は、免許人又は電波法第8条の予備免許を受けた者が識別信号、□A□又は運用許容時間の指定の変更を申請した場合において、□B□特に必要があると認めるときは、その指定を変更することができる。

	A	B
1	無線設備の設置場所、電波の型式、周波数、空中線電力	混信の除去その他
2	電波の型式、周波数、空中線電力	電波の規整その他公益上
3	電波の型式、周波数、空中線電力	混信の除去その他
4	無線設備の設置場所、電波の型式、周波数、空中線電力	電波の規整その他公益上

A-2 次の表の各欄の記述は、それぞれ電波の型式の記号表示と主搬送波の変調の型式、主搬送波を変調する信号の性質及び伝送情報の型式に分類して表す電波の型式を示すものである。電波法施行規則（第4条の2）の規定に照らし、電波の型式の記号表示とその内容が適合しないものはどれか。下の表の1から4までのうちから一つ選べ。

区分番号	電波の型式の記号	電波の型式		
		主搬送波の変調の型式	主搬送波を変調する信号の性質	伝送情報の型式
1	A3E	振幅変調であって両側波帯	アナログ信号である単一チャネルのもの	電話（音響の放送を含む。）
2	J3E	振幅変調であって低減搬送波による単側波帯	アナログ信号である単一チャネルのもの	電話（音響の放送を含む。）
3	F3E	角度変調であって周波数変調	アナログ信号である単一チャネルのもの	電話（音響の放送を含む。）
4	P0N	パルス変調であって無変調パルス列	変調信号のないもの	無情報

A-3 無線通信（注）の秘密の保護に関する次の記述のうち、電波法（第59条）の規定に照らし、この規定に定めるところに適合するものはどれか。下の1から4までのうちから一つ選べ。

> 注 電気通信事業法第4条（秘密の保護）第1項又は第164条（適用除外等）第3項の通信であるものを除く。

答 A-1：**3** A-2：**2**

1 何人も法律に別段の定めがある場合を除くほか、いかなる無線通信も傍受してはならない。

2 何人も法律に別段の定めがある場合を除くほか、特定の相手方に対して行われる無線通信を傍受してその存在若しくは内容を漏らし、又はこれを窃用してはならない。

3 何人も法律に別段の定めがある場合を除くほか、いかなる無線通信も傍受してその存在若しくは内容を漏らし、又はこれを窃用してはならない。

4 何人も法律に別段の定めがある場合を除くほか、総務省令で定める周波数の電波を使用して行われるいかなる無線通信も傍受してその存在若しくは内容を漏らし、又はこれを窃用してはならない。

A－4 海岸局及び船舶局の運用に関する次の記述のうち、電波法（第63条）及び無線局運用規則（第22条及び第41条）の規定に照らし、これらの規定に定めるところに適合しないものはどれか。下の1から4までのうちから一つ選べ。

1 船舶局は、遭難通信、緊急通信、安全通信及び電波法第74条（非常の場合の無線通信）第1項に規定する通信（これらの通信が遠方で行われている場合等であって自局に関係がないと認めるものを除く。）の終了前に閉局してはならない。

2 海岸局は、常時運用しなければならない。ただし、総務省令で定める海岸局については、この限りでない。

3 海岸局は、無線設備の機器の試験又は調整のための電波を発射する場合において、その電波の発射が他の既に行われている通信に混信を与える旨の通知を受けたときは、直ちにその電波の発射を中止しなければならない。

4 船舶局は、自局の呼出しが他の既に行われている通信に混信を与える旨の通知を受けたときは、直ちに空中線電力を低減させなければならない。

A－5 義務船舶局の無線設備の機能試験に関する次の記述のうち、無線局運用規則（第6条から第8条の2まで）の規定に照らし、これらの規定に定めるところに適合しないものはどれか。下の1から4までのうちから一つ選べ。

1 双方向無線電話を備えている義務船舶局においては、その船舶の航行中毎月1回以上当該無線設備によって通信連絡を行い、その機能を確かめておかなければならない。

2 義務船舶局においては、無線局運用規則第6条及び第7条の規定により、無線設備（デジタル選択呼出装置による通信を行うものに限る。）及び双方向無線電話の機能を確かめた結果、その機能に異状があると認めたときは、その旨を無線局の免許人に通

知するとともに、遅滞なく総務大臣に報告しなければならない。

3 義務船舶局の遭難自動通報設備は、1年以内の期間ごとに、別に告示する方法により、その機能を確かめておかなければならない。

4 義務船舶局の無線設備（デジタル選択呼出装置による通信を行うものに限る。）は、その船舶の航行中毎日1回以上、当該無線設備の試験機能を用いて、その機能を確かめておかなければならない。

A－6 次の記述は、海上移動業務における電波を発射する前の措置について述べたものである。無線局運用規則（第18条及び第19条の2）の規定に照らし、____内に入れるべき最も適切な字句の組合せを下の1から4までのうちから一つ選べ。

① 無線局は、相手局を呼び出そうとするときは、電波を発射する前に、__A__に調整し、自局の発射しようとする__B__によって聴守し、他の通信に混信を与えないことを確かめなければならない。ただし、遭難通信、緊急通信、安全通信及び電波法第74条（非常の場合の無線通信）第1項に規定する通信を行う場合は、この限りでない。

② ①の場合において、他の通信に混信を与えるおそれがあるときは、__C__でなければ呼出しをしてはならない。

	A	B	C
1	受信機を最良の感度	電波の周波数その他必要と認める周波数	その通信が終了した後
2	送信機を最良の動作状態	電波の周波数その他必要と認める周波数	少なくとも10分間経過した後
3	送信機を最良の動作状態	電波の周波数	その通信が終了した後
4	受信機を最良の感度	電波の周波数	少なくとも10分間経過した後

A－7 海上移動業務の無線電話通信における不確実な呼出しに対する応答に関する次の記述のうち、無線局運用規則（第14条、第18条及び第26条）の規定に照らし、これらの規定に定めるところに適合するものはどれか。下の1から4までのうちから一つ選べ。

1 無線局は、自局に対する呼出しであることが確実でない呼出しを受信したときは、応答事項のうち相手局の呼出名称の代わりに「誰かこちらを呼びましたか」の語を使用して、直ちに応答しなければならない。

2 無線局は、自局に対する呼出しを受信した場合において、呼出局の呼出名称が不確実であるときは、その呼出しが反復され、かつ、呼出局の呼出名称が確実に判明するまで応答してはならない。

答 A－5：2 A－6：1

3 無線局は、自局に対する呼出しを受信した場合において、呼出局の呼出名称が不確実であるときは、応答事項のうち相手局の呼出名称の代わりに「誰かこちらを呼びましたか」の語を使用して、直ちに応答しなければならない。

4 無線局は、自局に対する呼出しを受信した場合において、呼出局の呼出名称が不確実であるときは、応答事項のうち相手局の呼出名称の代わりに「各局」の語を使用して、直ちに応答しなければならない。

A-8 次の記述は、海上移動業務の無線局の無線電話通信における通報の送信について述べたものである。無線局運用規則（第14条、第18条及び第29条）の規定に照らし、□□□内に入れるべき最も適切な字句の組合せを下の1から4までのうちから一つ選べ。

① 呼出しに対し応答を受けたときは、相手局が「 A 」を送信した場合及び呼出しに使用した電波以外の電波に変更する場合を除き、直ちに通報の送信を開始するものとする。

② 通報の送信は、次の(1)から(5)までに掲げる事項を順次送信して行うものとする。ただし、呼出しに使用した電波と同一の電波により送信する場合は、 B に掲げる事項の送信を省略することができる。

(1) 相手局の呼出名称　　　1回　　(2) こちらは　　　　　　　1回
(3) 自局の呼出名称　　　　1回　　(4) 通報
(5) どうぞ　　　　　　　　1回

③ ②の送信において、通報は、 C をもって終わるものとする。

	A	B	C
1	どうぞ	(1)から(3)まで	「以上」の語
2	どうぞ	(1)	「終わり」の語
3	お待ちください	(1)から(3)まで	「終わり」の語
4	お待ちください	(1)	「以上」の語

A-9 遭難呼出し及び遭難通報の送信の反復に関する次の記述のうち、無線局運用規則（第81条）の規定に照らし、この規定に定めるところに適合するものはどれか。下の1から4までのうちから一つ選べ。

1 遭難呼出し及び遭難通報の送信は、その遭難通報に対する応答があるまで、必要な間隔を置いて反復しなければならない。

2 遭難呼出し及び遭難通報の送信は、他の無線局の通信に混信を与えるおそれがある

場合を除き、遭難通報に対する応答があるまで、必要な間隔を置いて反復しなければ
ならない。

3 遭難呼出し及び遭難通報の送信は、1分間以上の間隔を置いて2回反復し、これを
反復しても応答がないときは、少なくとも3分間の間隔を置かなければ反復を再開し
てはならない。

4 遭難呼出し及び遭難通報は、少なくとも3回連続して送信し、適当な間隔を置いて
これを反復しなければならない。

A－10 次の記述は、海上移動業務におけるデジタル選択呼出通信（注）について述べた
ものである。無線局運用規則（第58条の5及び第58条の6）の規定に照らし、[____]内に
入れるべき最も適切な字句の組合せを下の1から4までのうちから一つ選べ。

注 遭難通信、緊急通信及び安全通信を行う場合の通信を除く。

① 海岸局における呼出しは、45秒間以上の間隔をおいて2回送信することができる。

② 船舶局における呼出しは、[A]送信することができる。これに応答がないときは、
少なくとも15分間の間隔をおかなければ、呼出しを再開してはならない。

③ 自局に対する呼出しを受信

		A	B
したときは、海岸局にあって			
は5秒以上4分半以内に、船	1	3分間以上の間隔をおいて3回	10分以内
舶局にあっては[B]に応答	2	3分間以上の間隔をおいて3回	5分以内
するものとする。	3	5分間以上の間隔をおいて2回	5分以内
	4	5分間以上の間隔をおいて2回	10分以内

A－11 次の記述は、遭難警報等を受信した船舶局の執るべき措置について述べたもので
ある。無線局運用規則（第81条の5）の規定に照らし、[____]内に入れるべき最も適切な
字句の組合せを下の1から4までのうちから一つ選べ。

① 船舶局は、デジタル選択呼出装置を使用して送信された遭難警報又は遭難警報の中
継を受信したときは、直ちにこれをその船舶の[A]に通知しなければならない。

② 船舶局は、デジタル選択呼出装置を使用して短波帯以外の周波数の電波により送信
された遭難警報を受信した場合において、当該遭難警報に使用された周波数の電波に
よっては海岸局と通信を行うことができない海域にあり、かつ、当該遭難警報が付近
にある船舶からのものであることが明らかであるときは、遅滞なく、[B]しなけれ
ばならない。

答 A－9：1　　A－10：3

③　船舶局は、デジタル選択呼出装置を使用して短波帯の周波数の電波により送信された遭難警報を受信したときは、これに応答してはならない。この場合において、当該船舶局は、　C　で聴守を行わなければならない。

	A	B	C
1	責任者	これに応答	当該遭難警報を受信した周波数と関連する無線局運用規則第70条の2（使用電波）第1項第3号に規定する周波数
2	責任者	これに応答し、かつ、当該遭難警報を適当な海岸局に通報	当該遭難警報を受信した周波数
3	責任者及び海上保安庁その他の救助機関	これに応答	当該遭難警報を受信した周波数
4	責任者及び海上保安庁その他の救助機関	これに応答し、かつ、当該遭難警報を適当な海岸局に通報	当該遭難警報を受信した周波数と関連する無線局運用規則第70条の2（使用電波）第1項第3号に規定する周波数

A－12　船舶局が安全通信を受信した場合に執るべき措置に関する次の事項のうち、無線局運用規則（第99条）の規定に照らし、この規定に定めるところに該当するものはどれか。下の1から4までのうちから一つ選べ。

　1　遅滞なく、安全通報の要旨を海上保安庁その他の救助機関に通報しなければならない。

　2　直ちに通信可能の範囲内にあるすべての船舶局に対して安全通報を送信しなければならない。

　3　安全通報を確実に受信したときは、受信証を送信しなければならない。

　4　必要に応じて安全通信の要旨をその船舶の責任者に通知しなければならない。

A－13　次の記述は、総務大臣に対する報告等について述べたものである。電波法（第80条及び第81条）の規定に照らし、　　　　　内に入れるべき最も適切な字句の組合せを下の1から4までのうちから一つ選べ。

①　海上移動業務の無線局の免許人は、次の(1)から(3)までに掲げる場合は、総務省令で定める手続により、総務大臣に報告しなければならない。

　(1)　　A　を行ったとき。

　(2)　電波法又は電波法に基づく命令の規定に違反して運用した無線局を認めたとき。

　(3)　無線局が外国において、　B　とき。

　答　　A－11：2　　　A－12：4

② 総務大臣は、 C するため必要があると認めるときは、免許人に対し、無線局に関し報告を求めることができる。

	A	B	C
1	遭難通信、緊急通信、安全通信又は非常通信	あらかじめ総務大臣が告示した以外の運用の制限をされた	無線通信の秩序の維持その他無線局の適正な運用を確保
2	遭難通信、緊急通信、安全通信又は非常通信	当該外国の主管庁による無線局の検査を受けた	混信を除去
3	遭難通信	当該外国の主管庁による無線局の検査を受けた	無線通信の秩序の維持その他無線局の適正な運用を確保
4	遭難通信	あらかじめ総務大臣が告示した以外の運用の制限をされた	混信を除去

A-14 次の記述は、船舶局に係る免許状及び無線従事者免許証について述べたものである。電波法施行規則（第38条）の規定に照らし、 内に入れるべき最も適切な字句の組合せを下の1から4までのうちから一つ選べ。

① 船舶局に備え付けておかなければならない免許状は、 A の B に掲げておかなければならない。ただし、掲示を困難とするものについては、その掲示を要しない。

② 無線従事者は、その業務に従事しているときは、免許証を C していなければならない。

	A	B	C
1	主たる通信操作を行う場所	できる限り上部	携帯
2	主たる送信装置のある場所	できる限り上部	総合通信局長（沖縄総合通信事務所長を含む。）の要求に応じて提示することができる場所に保管
3	主たる通信操作を行う場所	見やすい箇所	総合通信局長（沖縄総合通信事務所長を含む。）の要求に応じて提示することができる場所に保管
4	主たる送信装置のある場所	見やすい箇所	携帯

B-1 無線局に選任された主任無線従事者の職務に関する次の記述のうち、電波法施行規則（第34条の5）の規定に照らし、主任無線従事者の職務に該当するものを1、該当しないものを2として解答せよ。

答　A-13：1　　A-14：4

ア　無線業務日誌その他の書類を作成し、又はその作成を監督すること（記載された事項に関し必要な措置を執ることを含む。）。

イ　無線設備の設置場所を変更し、又は無線設備の変更の工事をしようとするときに総務大臣の許可を受けること。

ウ　主任無線従事者の監督を受けて無線設備の操作を行う者に対する訓練（実習を含む。）の計画を立案し、実施すること。

エ　主任無線従事者の職務を遂行するために必要な事項に関し総務大臣に対して意見を述べること。

オ　無線設備の機器の点検若しくは保守を行い、又はその監督を行うこと。

B－2　次の記述は、海上移動業務の無線局の落成後の検査及び免許の拒否について述べたものである。電波法（第10条及び第11条）の規定に照らし、□□□内に入れるべき最も適切な字句を下の1から10までのうちからそれぞれ一つ選べ。なお、同じ記号の□□□内には、同じ字句が入るものとする。

① 電波法第8条の予備免許を受けた者は、□ア□は、その旨を総務大臣に届け出て、その□イ□、無線従事者の資格（主任無線従事者の要件、船舶局無線従事者証明及び遭難通信責任者の要件に係るものを含む。以下同じ。）及び員数並びに□ウ□について検査を受けなければならない。

② ①の検査は、①の検査を受けようとする者が、当該検査を受けようとする□イ□、無線従事者の資格及び員数並びに□ウ□について登録検査等事業者（注1）又は登録外国点検事業者（注2）が総務省令で定めるところにより行った当該登録に係る点検の結果を記載した書類を添えて①の届出をした場合においては、□エ□を省略することができる。

注1　電波法第24条の2（検査等事業者の登録）第1項の登録を受けた者をいう。
　　2　電波法第24条の13（外国点検事業者の登録等）第1項の登録を受けた者をいう。

③ 電波法第8条の予備免許を受けた者から、予備免許の際に指定した工事落成の期限（期限の延長があったときはその期限）経過後□オ□①の届出がないときは、総務大臣はその無線局の免許を拒否しなければならない。

1	工事が落成したとき	2	工事落成の期限の日になったとき
3	無線設備	4	電波の型式、周波数及び空中線電力
5	計器及び予備品	6	時計及び書類	7 その一部
8	当該検査	9	1箇月以内に	10 2週間以内に

答　B－1：ア－1　イ－2　ウ－1　エ－2　オ－1
　　B－2：ア－1　イ－3　ウ－6　エ－7　オ－10

B - 3 次の記述は、海上移動業務における電波の使用制限について述べたものである。無線局運用規則（第58条）の規定に照らし、 内に入れるべき最も適切な字句を下の1から10までのうちからそれぞれ一つ選べ。

① ア 、4,207.5kHz、6,312kHz、8,414.5kHz、12,577kHz 及び 16,804.5kHz の周波数の電波の使用は、 イ を使用して ウ を行う場合に限る。

② 156.8MHz の周波数の電波の使用は、次の(1)から(3)までに掲げる場合に限る。

(1) 遭難通信、緊急通信（注）又は安全呼出しを行う場合

注 医事通報に係るものにあっては、緊急呼出しに限る。

(2) 呼出し又は応答を行う場合

(3) エ を送信する場合

③ 156.8MHz の周波数の電波の使用は、できる限り短時間とし、かつ、 オ 以上にわたってはならない。ただし、遭難通信を行う場合は、この限りでない。

1	2,187.5kHz	2	2,182kHz	3	無線電話
4	デジタル選択呼出装置	5	遭難通信	6	遭難通信、緊急通信又は安全通信
7	船舶の航行の安全に関し急を要する通報	8	準備信号		
9	1分	10	3分		

B - 4 船舶局の無線業務日誌に関する次の記述のうち、電波法施行規則（第40条）の規定に照らし、この規定に定めるところに適合するものを1、適合しないものを2として解答せよ。

ア 使用を終わった無線業務日誌は、使用を終わった日から2年間保存しなければならない。

イ 無線業務日誌には、機器の故障の事実、原因及びこれに対する措置の内容を記載しなければならない。

ウ 無線業務日誌には、電波法第65条（聴守義務）の規定による聴守周波数を記載しなければならない。

エ 電波法又は電波法に基づく命令の規定に違反して運用した無線局を認めたときは、その事実を無線業務日誌に記載しなければならない。

オ 検査の結果について総合通信局長（沖縄総合通信事務所長を含む。）から指示を受け相当な措置をしたときは、その措置の内容を無線業務日誌の記載欄に記載しなければならない。

答 B - 3：ア-1 イ-4 ウ-6 エ-8 オ-9

B - 4：ア-1 イ-1 ウ-2 エ-1 オ-2

B－5　次に掲げる事項のうち、電波法（第73条）の規定に照らし、総務大臣がその職員を無線局に派遣し、その無線設備等（注）を検査させることができるときに該当するものを1、該当しないものを2として解答せよ。

　　注　無線設備、無線従事者の資格及び員数並びに時計及び書類をいう。

　ア　無線局の検査の結果について指示を受けた免許人から、その指示に対する措置の内容に係る報告が総務大臣又は総合通信局長（沖縄総合通信事務所長を含む。）にあったとき。

　イ　電波利用料を納めないため督促状によって督促を受けた無線局の免許人が、その指定の期限までにその督促に係る電波利用料を納めないとき。

　ウ　無線設備が電波法第3章（無線設備）に定める技術基準に適合していないと認め、総務大臣が当該無線設備を使用する無線局の免許人に対し、その技術基準に適合するように当該無線設備の修理その他の必要な措置を執るべきことを命じたとき。

　エ　無線局の発射する電波の質が電波法第28条の総務省令で定めるものに適合していないと認め、総務大臣が当該無線局に対して臨時に電波の発射の停止を命じたとき。

　オ　船舶局のある船舶に関し、その主たる停泊港を変更した旨の届出があったとき。

B－6　海上移動業務の無線局における緊急通信に関する次の記述のうち、電波法（第52条、第53条、第54条、第66条及び第67条）の規定に照らし、これらの規定に定めるところに適合するものを1、これらに適合しないものを2として解答せよ。

　ア　無線局が緊急通信を行う場合において、空中線電力は、免許状に記載されたものの範囲内であり、かつ、通信を行うため必要最小のものでなければならない。

　イ　無線局が緊急通信を行う場合においては、免許状に記載された通信の相手方及び通信事項の範囲を超えて運用してはならない。

　ウ　無線局が緊急信号又は緊急通信を受信したときは、その通信が終了するまで、継続してその緊急通信を受信しなければならない。

　エ　無線局が緊急通信を行う場合において、識別信号、電波の型式及び周波数は、その無線局の免許状に記載されたところによらなければならない。

　オ　無線局が緊急通信を行っている場合において、遭難信号を受信したときは、遭難通信を妨害するおそれのある電波の発射を直ちに中止しなければならない。

　答　　B－5：ア－2　イ－2　ウ－1　エ－1　オ－2
　　　　B－6：ア－1　イ－2　ウ－2　エ－1　オ－1

A－1　次の記述は、無線局の免許の承継について述べたものである。電波法（第20条）の規定に照らし、_____内に入れるべき最も適切な字句の組合せを下の1から4までのうちから一つ選べ。なお、同じ記号の_____内には、同じ字句が入るものとする。

① 免許人について相続があったときは、その相続人は、 A 。

② 船舶局のある船舶又は無線設備が遭難自動通報設備若しくはレーダーのみの無線局のある船舶について、船舶の所有権の移転その他の理由により船舶を運行する者に変更があったときは、変更後船舶を運行する者は、 A 。

③ ①及び②により免許人の地位を承継した者は、遅滞なく、 B を添えてその旨を総務大臣に届け出なければならない。

	A	B
1	免許人の地位を承継する	その事実を証する書面
2	総務大臣の許可を受けて免許人の地位を承継することができる	承継に係る無線局の免許状
3	総務大臣の許可を受けて免許人の地位を承継することができる	その事実を証する書面
4	免許人の地位を承継する	承継に係る無線局の免許状

A－2　次の記述は、無線通信（注）の秘密の保護について述べたものである。電波法（第59条及び第109条）の規定に照らし、_____内に入れるべき最も適切な字句の組合せを下の1から4までのうちから一つ選べ。

　　　注　電気通信事業法第4条（秘密の保護）第1項又は同法第164条（適用除外等）第3項の通信であるものを除く。

① 何人も法律に別段の定めがある場合を除くほか、 A 行われる無線通信を B してはならない。

② C がその業務に関し知り得た無線局の取扱中に係る無線通信の秘密を漏らし、又は窃用したときは、2年以下の懲役又は100万円以下の罰金に処する。

答　A－1：1

	A	B	C
1	特定の相手方に対して	傍受	免許人又は無線従事者
2	特定の相手方に対して	傍受してその存在若しくは内容を漏らし、又はこれを窃用	無線通信の業務に従事する者
3	総務省令で定める周波数により	傍受してその存在若しくは内容を漏らし、又はこれを窃用	免許人又は無線従事者
4	総務省令で定める周波数により	傍受	無線通信の業務に従事する者

A－3　海岸局及び船舶局の運用に関する次の記述のうち、電波法（第62条）及び無線局運用規則（第22条）の規定に照らし、これらの規定に定めるところに適合しないものはどれか。下の1から4までのうちから一つ選べ。

　1　船舶局は、海岸局と通信を行う場合において、通信の順序若しくは時刻又は使用電波の型式若しくは周波数について、海岸局から指示を受けたときは、その指示に従わなければならない。

　2　船舶局の運用は、その船舶の航行中に限る。ただし、受信装置のみを運用するとき、遭難通信、緊急通信、安全通信、非常通信、放送の受信その他総務省令で定める通信を行うとき、その他総務省令で定める場合は、この限りでない。

　3　船舶局は、自局の呼出しが他の既に行われている通信に混信を与える旨の通知を受けたときは、直ちにその呼出しを中止しなければならない。

　4　海岸局は、船舶局から自局の運用に妨害を受けたときは、妨害している船舶局に対して、その妨害を除去するために運用の停止を命令することができる。

A－4　次の記述は、海上移動業務の無線局の聴守義務について述べたものである。電波法（第65条）及び無線局運用規則（第42条から第44条まで）の規定に照らし、□□内に入れるべき最も適切な字句の組合せを下の1から4までのうちから一つ選べ。

　①　デジタル選択呼出装置を施設している船舶局及び海岸局であって、F2B電波156.525MHzの指定を受けているものは　 A 　、その周波数で聴守をしなければならない。(注)

　　　注　船舶局にあっては、無線設備の緊急の修理を行う場合又は現に通信を行っている場合であって、聴守することができないとき及び海岸局については、現に通信を行っている場合は、この限りでない。以下②及び③において同じ。

　答　　A－2：2　　A－3：4

② 船舶局であって電波法第33条（義務船舶局の無線設備の機器）の規定により ☐B☐ を備えるものは、F1B電波518kHzの聴守については、その周波数で海上安全情報を送信する無線局の通信圏の中にあるとき常時、F1B電波424kHzの聴守については、その周波数で海上安全情報を送信する無線局の通信圏として総務大臣が別に告示するものの中にあるとき常時、F1B電波424kHz又は518kHzで聴守をしなければならない。

③ 海岸局であってF3E電波156.8MHzの指定を受けているものは、 ☐C☐ 、その周波数で聴守をしなければならない。

	A	B	C
1	常時	デジタル選択呼出専用受信機	できる限り常時
2	できる限り常時	デジタル選択呼出専用受信機	その運用義務時間中
3	常時	ナブテックス受信機	その運用義務時間中
4	できる限り常時	ナブテックス受信機	できる限り常時

A－5 次の記述は、船舶局の遭難自動通報設備の機能試験について述べたものである。電波法施行規則（第38条の4）及び無線局運用規則（第8条の2）の規定に照らし、☐☐☐内に入れるべき最も適切な字句の組合せを下の1から4までのうちから一つ選べ。

① 船舶局の遭難自動通報設備においては、 ☐A☐ 、別に告示する方法により、その無線設備の機能を確かめておかなければならない。

② 遭難自動通報設備を備える船舶局の免許人は、①により当該設備の機能試験をしたときは、実施の日及び試験の結果に関する記録を作成し、 ☐B☐ なければならない。

	A	B
1	その船舶の航行中毎月1回以上	これを総務大臣に届け出
2	1年以内の期間ごとに	当該試験をした日から2年間、これを保存し
3	その船舶の航行中毎月1回以上	当該試験をした日から2年間、これを保存し
4	1年以内の期間ごとに	これを総務大臣に届け出

A－6 一般通信方法における無線通信の原則に関する次の記述のうち、無線局運用規則（第10条）の規定に照らし、この規定に定めるところに適合しないものはどれか。下の1から4までのうちから一つ選べ。

1 無線通信を行うときは、自局の識別信号を付して、その出所を明らかにしなければならない。

☐答☐ A－4：3 A－5：2

2 必要のない無線通信は、これを行ってはならない。

3 無線通信に使用する用語は、できる限り簡潔でなければならない。

4 無線通信を行うときは、暗語を使用してはならない。

A－7 海上移動業務における無線電話通信において、無線局が自局に対する呼出しであることが確実でない呼出しを受信したときに関する次の記述のうち、無線局運用規則（第14条、第18条及び第26条）の規定に照らし、これらの規定に定めるところに適合するものはどれか。下の1から4までのうちから一つ選べ。

1 他のいずれの無線局も応答しない場合は、直ちに応答しなければならない。

2 応答事項のうち、「こちらは」及び自局の呼出名称を送信して応答しなければならない。

3 その呼出しが反覆され、かつ、自局に対する呼出しであることが確実に判明するまで応答してはならない。

4 応答事項のうち、相手局の呼出名称の代わりに「誰かこちらを呼びましたか」の語を使用して、直ちに応答しなければならない。

A－8 次の記述は、海上移動業務の無線電話通信における試験電波の発射について述べたものである。無線局運用規則（第14条、第18条及び第39条）の規定に照らし、____内に入れるべき最も適切な字句の組合せを下の1から4までのうちから一つ選べ。なお、同じ記号の____内には、同じ字句が入るものとする。

無線局は、無線機器の試験又は調整のため電波の発射を必要とするときは、発射する前に__A__及びその他必要と認める周波数によって聴守し、他の無線局の通信に混信を与えないことを確かめた後、次の(1)から(3)までに掲げる事項を順次送信し、更に1分間聴守を行い、他の無線局から停止の請求がない場合に限り、「__B__」の連続及び自局の呼出名称1回を送信しなければならない。この場合において、「__B__」の連続及び自局の呼出名称の送信は、__C__を超えてはならない。

(1) ただいま試験中 3回 (2) こちらは 1回 (3) 自局の呼出名称 3回

	A	B	C
1	自局の発射しようとする電波の周波数	本日は晴天なり	10秒間
2	遭難通信に使用する電波の周波数	試験電波発射中	10秒間
3	遭難通信に使用する電波の周波数	本日は晴天なり	30秒間
4	自局の発射しようとする電波の周波数	試験電波発射中	30秒間

答 A－6：4 A－7：3 A－8：1

A－9　安全通信に関する次の記述のうち、電波法（第52条）の規定に照らし、この規定に定めるところに適合するものはどれか。下の1から4までのうちから一つ選べ。

　1　安全通信とは、船舶又は航空機の航行に対する重大な危険を予防するために安全信号を前置する方法その他総務省令で定める方法により行う無線通信をいう。

　2　安全通信とは、船舶又は航空機が重大かつ急迫の危険に陥った場合に安全信号を前置する方法その他総務省令で定める方法により行う無線通信をいう。

　3　安全通信とは、船舶又は航空機が重大かつ急迫の危険に陥った場合又は陥るおそれがある場合に安全信号を前置する方法その他総務省令で定める方法により行う無線通信をいう。

　4　安全通信とは、船舶又は航空機が重大かつ急迫の危険に陥るおそれがある場合その他緊急の事態が発生した場合に安全信号を前置する方法その他総務省令で定める方法により行う無線通信をいう。

A－10　次の記述は、海上移動業務における遭難通信、緊急通信又は安全通信において使用する電波について述べたものである。無線局運用規則（第70条の2）の規定に照らし、□内に入れるべき最も適切な字句の組合せを下の1から4までのうちから一つ選べ。なお、同じ記号の□内には、同じ字句が入るものとする。

　海上移動業務における遭難通信、緊急通信又は安全通信は、次の(1)から(3)までに掲げる場合にあっては、それぞれ(1)から(3)までに掲げる電波を使用して行うものとする。ただし、□A□を行う場合であって、これらの周波数を使用することができないか又は使用することが不適当であるときは、この限りでない。

　(1)　デジタル選択呼出装置を使用する場合

　　F1B 電波 □B□、4,207.5kHz、6,312kHz、8,414.5kHz、12,577kHz 若しくは16,804.5kHz 又は F2B 電波 156.525MHz

　(2)　デジタル選択呼出通信に引き続いて無線電話を使用する場合

　　J3E 電波 2,182kHz、4,125kHz、6,215kHz、8,291kHz、12,290kHz 若しくは16,420kHz 又は F3E 電波□C□

　(3)　無線電話を使用する場合（(2)に掲げる場合を除く。）

　　A3E 電波 27,524kHz 若しくは F3E 電波□C□又は通常使用する呼出電波

	A	B	C
1	遭難通信又は緊急通信	2,187.5kHz	156.65MHz
2	遭難通信	2,174.5kHz	156.65MHz

答　A－9：1

| 3 | 遭難通信又は緊急通信 | 2,174.5kHz | 156.8MHz |
| 4 | 遭難通信 | 2,187.5kHz | 156.8MHz |

A－11　船舶局においてその船舶の責任者の命令がなければ行うことができない呼出し又は送信に関する次の事項のうち、無線局運用規則（第71条）の規定に照らし、この規定に定めるところに該当しないものはどれか。下の1から4までのうちから一つ選べ。

1　緊急通報の告知の送信又は緊急呼出し

2　安全呼出し又は安全通報の送信

3　G1B電波 406.025MHz、406.028MHz、406.031MHz、406.037MHz 又は 406.04MHz 及び A3X電波 121.5MHz を同時に発射する遭難自動通報設備の通報の送信

4　遭難警報又は遭難警報の中継の送信

A－12　次の記述は、遭難警報に対する海岸局の応答について述べたものである。無線局運用規則（第81条の8）の規定に照らし、□□□内に入れるべき最も適切な字句の組合せを下の1から4までのうちから一つ選べ。

海岸局は、遭難警報を受信した場合において、これに応答するときは、□A□の電波を使用して、デジタル選択呼出装置により、電波法施行規則別図第1号3（遭難警報に対する応答）に定める構成のものを送信して行うものとする。この場合において、受信した遭難警報が□B□の電波を使用するものであるときは、受信から□C□の間隔を置いて送信するものとする。

	A	B	C
1	国際遭難周波数	超短波帯の周波数	1分以上2分45秒以下
2	国際遭難周波数	中短波帯又は短波帯の周波数	5秒以上1分以下
3	当該遭難警報を受信した周波数	中短波帯又は短波帯の周波数	1分以上2分45秒以下
4	当該遭難警報を受信した周波数	超短波帯の周波数	5秒以上1分以下

A－13　総務大臣が無線局に対して臨時に電波の発射の停止を命ずることができるときに関する次の事項のうち、電波法（第28条及び第72条）の規定に照らし、この規定に定めるところに該当しないものはどれか。下の1から4までのうちから一つ選べ。

1　無線局の発射する電波の周波数の安定度が総務省令で定めるものに適合していないと認めるとき。

答　A－10：**4**　　A－11：**2**　　A－12：**3**

2 無線局の発射する電波の周波数の幅が総務省令で定めるものに適合していないと認めるとき。

3 無線局の発射する電波の周波数の偏差が総務省令で定めるものに適合していないと認めるとき。

4 無線局の発射する電波の高調波の強度等が総務省令で定めるものに適合していないと認めるとき。

A-14 使用を終わった無線業務日誌に関する次の記述のうち、電波法施行規則（第40条）の規定に照らし、この規定に定めるところに適合するものはどれか。下の1から4までのうちから一つ選べ。

1 使用を終わった無線業務日誌は、その無線局の免許が効力を失う日まで保存しなければならない。

2 使用を終わった無線業務日誌は、その無線局の次に行われる電波法第73条第1項の規定による検査（定期検査）の日まで保存しなければならない。

3 使用を終わった無線業務日誌は、使用を終わった日から2年間保存しなければならない。

4 使用を終わった無線業務日誌は、総合通信局長（沖縄総合通信事務所長を含む。）に提出しなければならない。

B-1 次の記述は、無線局の開設について述べたものである。電波法（第4条）の規定に照らし、□□内に入れるべき最も適切な字句を下の1から10までのうちからそれぞれ一つ選べ。なお、同じ記号の□□内には、同じ字句が入るものとする。

無線局を開設しようとする者は、□ア□ならない。ただし、次の(1)から(4)までに掲げる無線局については、この限りでない。

(1) □イ□無線局で総務省令で定めるもの

(2) 26.9MHzから27.2MHzまでの周波数の電波を使用し、かつ、空中線電力が0.5ワット以下である無線局のうち総務省令で定めるものであって、□ウ□のみを使用するもの

(3) 空中線電力が□エ□である無線局のうち総務省令で定めるものであって、電波法第4条の3（呼出符号又は呼出名称の指定）の規定により指定された呼出符号又は呼出名称を自動的に送信し、又は受信する機能その他総務省令で定める機能を有することにより他の無線局にその運用を阻害するような混信その他の妨害を与えないように運用することができるもので、かつ、□ウ□のみを使用するもの

答 A-13：1 A-14：3

(4) 　オ　開設する無線局

1　あらかじめ総務大臣に届け出なければ　　2　総務大臣の免許を受けなければ

3　発射する電波が著しく微弱な　　　　　　4　小規模な

5　適合表示無線設備

6　その型式について総務大臣の行う検定に合格した無線設備の機器

7　1ワット以下　　　　　　　　　　　　　8　0.1ワット以下

9　地震、台風、洪水、津波その他の非常の事態が発生した場合において臨時に

10　総務大臣の登録を受けて

B－2　次の表の記述は、それぞれ電波の型式の記号表示と主搬送波の変調の型式、主搬送波を変調する信号の性質及び伝送情報の型式に分類して表す電波の型式を示したものである。電波法施行規則（第4条の2）の規定に照らし、□□内に入れるべき最も適切な字句を下の1から10までのうちからそれぞれ一つ選べ。なお、同じ記号の□□内には、同じ字句が入るものとする。

電波の型式の記号	電　波　の　型　式		
	主搬送波の変調の型式	主搬送波を変調する信号の性質	伝送情報の型式
A2D	ア	デジタル信号である単一チャネルのものであって、変調のための副搬送波を使用するもの	イ
A3E	ア	ウ	電話（音響の放送を含む。）
G1B	角度変調で位相変調	デジタル信号である単一チャネルのものであって、変調のための副搬送波を使用しないもの	エ
J3E	オ	ウ	電話（音響の放送を含む。）
P0N	パルス変調で無変調パルス列	変調信号のないもの	無情報

1　振幅変調で両側波帯　　　　　　　　　2　振幅変調で残留側波帯

3　データ伝送、遠隔測定又は遠隔指令　　4　ファクシミリ

5　デジタル信号である2以上のチャネルのもの

6　アナログ信号である単一チャネルのもの

7　電信（聴覚受信を目的とするもの）

8　電信（自動受信を目的とするもの）

9　振幅変調で抑圧搬送波による単側波帯

10　振幅変調で低減搬送波による単側波帯

　答　　B－1：ア－2　イ－3　ウ－5　エ－7　オ－10

　　　　B－2：ア－1　イ－3　ウ－6　エ－8　オ－9

B－3　無線従事者の免許等に関する次の記述のうち、電波法（第41条及び第42条）、電波法施行規則（第36条及び第38条）及び無線従事者規則（第51条）の規定に照らし、これらの規定に定めるところに適合するものを1、適合しないものを2として解答せよ。

ア　無線従事者は、その業務に従事しているときは、免許証を総務大臣又は総合通信局長（沖縄総合通信事務所長を含む。）の要求に応じて、速やかに提示することができる場所に保管しておかなければならない。

イ　無線局には、当該無線局の無線設備の操作を行い、又はその監督を行うために必要な無線従事者を配置しなければならない。

ウ　無線従事者は、免許の取消しの処分を受けたときは、その処分を受けた日から1箇月以内にその免許証を総務大臣又は総合通信局長（沖縄総合通信事務所長を含む。）に返納しなければならない。

エ　総務大臣は、電波法第9章（罰則）の罪を犯し、罰金以上の刑に処せられ、その執行を終わり、又はその執行を受けることがなくなった日から2年を経過しない者に対しては、無線従事者の免許を与えないことができる。

オ　無線従事者になろうとする者は、総務大臣の免許を受けなければならない。

B－4　海上移動業務の無線局の運用に関する次の記述のうち、電波法（第52条から第55条まで及び第57条）の規定に照らし、これらの規定に定めるところに適合するものを1、適合しないものを2として解答せよ。

ア　無線局を運用する場合においては、遭難通信を行う場合を除き、無線設備の設置場所、識別信号、電波の型式及び周波数は、免許状に記載されたところによらなければならない。

イ　無線局を運用する場合においては、遭難通信、緊急通信、安全通信及び非常通信を行う場合を除き、空中線電力は、免許状に記載されたところによらなければならない。

ウ　無線局は、無線設備の機器の試験又は調整を行うために運用するときは、なるべく擬似空中線回路を使用しなければならない。

エ　無線局は、遭難通信、緊急通信、安全通信、非常通信、放送の受信その他総務省令で定める通信を行う場合を除き、免許状に記載された目的又は通信の相手方若しくは通信事項の範囲を超えて運用してはならない。

オ　無線局は、遭難通信を行う場合を除き、免許状に記載された運用義務時間内でなければ、運用してはならない。

答　B－3：ア－2　イ－1　ウ－2　エ－1　オ－1
　　B－4：ア－1　イ－2　ウ－1　エ－1　オ－2

B－5　総務大臣が無線局の免許を取り消すことができるときに関する次の事項のうち、電波法（第76条）の規定に照らし、この規定に該当するものを1、該当しないものを2として解答せよ。

　ア　免許人が正当な理由がないのに、無線局の運用を引き続き3箇月以上休止したとき。

　イ　免許人が不正な手段により、無線局の免許を受け、又は無線設備の設置場所の変更若しくは無線設備の変更の工事の許可を受けたとき。

　ウ　免許人が電波法又は放送法に規定する罪を犯し罰金以上の刑に処せられ、その執行を終わり、又はその執行を受けることがなくなった日から2年を経過しない者に該当するに至ったとき。

　エ　免許人が、電波法又は電波法に基づく命令に違反し、総務大臣から受けた無線局の運用の停止の命令又は運用許容時間、周波数若しくは空中線電力の制限に従わないとき。

　オ　総務大臣が、無線局の無線設備が電波法第3章に定める技術基準に適合していないと認めるとき。

B－6　次に掲げる書類のうち、電波法施行規則（第38条）の規定に照らし、義務船舶局（国際航海に従事する船舶の船舶局及び国際通信を行う船舶局を除く。）に備え付けておかなければならない書類に該当するものを1、該当しないものを2として解答せよ。

　ア　免許状

　イ　無線局の免許の申請書の添付書類の写し

　ウ　海上移動業務及び海上移動衛星業務で使用する便覧

　エ　無線従事者選解任届の写し

　オ　海岸局及び特別業務の局の局名録

　答　　B－5：ア－2　イ－1　ウ－1　エ－1　オ－2

　　　　B－6：ア－1　イ－1　ウ－2　エ－1　オ－2

A−1　次に掲げる事項のうち、総務大臣が無線局の予備免許を与える際に申請者に対して指定する事項に該当しないものはどれか。電波法（第8条）の規定に照らし、下の1から4までのうちから一つ選べ。

1　運用許容時間

2　電波の型式及び周波数

3　通信の相手方及び通信事項

4　呼出符号（標識符号を含む。）、呼出名称その他の総務省令で定める識別信号

A−2　無線従事者の免許証に関する次の記述のうち、電波法施行規則（第38条）及び無線従事者規則（第47条、第50条及び第51条）の規定に照らし、これらの規定に定めるところに適合しないものはどれか。下の1から4までのうちから一つ選べ。

1　総務大臣又は総合通信局長（沖縄総合通信事務所長を含む。）は、免許を与えたときは、免許証を交付する。

2　無線従事者は、その業務に従事しているときは、免許証を携帯していなければならない。

3　無線従事者は、免許の取消しの処分を受けたときは、その処分を受けた日から10日以内にその免許証を総務大臣又は総合通信局長（沖縄総合通信事務所長を含む。）に返納しなければならない。

4　無線従事者は、氏名又は住所に変更を生じたときに免許証の再交付を受けようとするときは、氏名又は住所に変更を生じた日から10日以内に、申請書に次の(1)から(3)までに掲げる書類を添えて総務大臣又は総合通信局長（沖縄総合通信事務所長を含む。）に提出しなければならない。

(1)　免許証

(2)　写真1枚

(3)　氏名又は住所の変更の事実を証する書類

A−3　海上移動業務の無線局の運用に関する次の記述のうち、電波法（第52条から第55条まで）の規定に照らし、これらの規定に定めるところに適合しないものはどれか。下の1から4までのうちから一つ選べ。

　答　　A−1：3　　A−2：4

1 無線局は、遭難通信を行う場合を除き、免許状に記載された目的又は通信の相手方若しくは通信事項の範囲を超えて運用してはならない。

2 無線局を運用する場合においては、遭難通信を行う場合を除き、空中線電力は、次の(1)及び(2)の定めるところによらなければならない。

(1) 免許状に記載されたものの範囲内であること。

(2) 通信を行うため必要最小のものであること。

3 無線局を運用する場合においては、遭難通信、緊急通信、安全通信、非常通信、放送の受信その他総務省令で定める通信を行う場合及び総務省令で定める場合を除き、免許状に記載された運用許容時間内でなければ、運用してはならない。

4 無線局を運用する場合においては、遭難通信を行う場合を除き、無線設備の設置場所、識別信号、電波の型式及び周波数は、その無線局の免許状に記載されたところによらなければならない。

A−4 海上移動業務の無線局の聴守義務に関する次の記述のうち、電波法（第65条）及び無線局運用規則（第42条から第43条の2まで及び第44条の2）の規定に照らし、これらの規定に定めるところに適合しないものはどれか。下の1から4までのうちから一つ選べ。

1 海岸局にあっては、F3E電波156.8MHzの指定を受けているものは、その運用義務時間中、その周波数で聴守をしなければならない。

2 F3E電波156.65MHz及び156.8MHzの指定を受けている船舶局（旅客船又は総トン数300トン以上の船舶であって、国際航海に従事するものの船舶局を除く。）は、その船舶の航行中常時、F3E電波156.65MHz及び156.8MHzで聴守をしなければならない。

3 船舶局であって電波法第33条（義務船舶局の無線設備の機器）の規定によりナブテックス受信機を備えるものは、F1B電波518kHzの聴守については、その周波数で海上安全情報を送信する無線局の通信圏の中にあるとき常時、F1B電波424kHzの聴守については、その周波数で海上安全情報を送信する無線局の通信圏として総務大臣が別に告示するものの中にあるとき常時、F1B電波424kHz又は518kHzで聴守をしなければならない。

4 デジタル選択呼出装置を施設している船舶局及び海岸局であって、F1B電波2,187.5kHz及びF2B電波156.525MHzの指定を受けているものは、常時、これらの周波数で聴守をしなければならない。

答　A−3：1　　A−4：2

A－5 次の記述は、海上移動業務の無線電話通信における電波を発射する前の措置について述べたものである。無線局運用規則（第18条及び第19条の２）の規定に照らし、____内に入れるべき最も適切な字句の組合せを下の１から４までのうちから一つ選べ。

① 無線局は、相手局を呼び出そうとするときは、電波を発射する前に、__A__に調整し、自局の発射しようとする__B__によって聴守し、他の通信に混信を与えないことを確かめなければならない。ただし、遭難通信、緊急通信、安全通信及び電波法第74条（非常の場合の無線通信）第１項に規定する通信を行う場合は、この限りでない。

② ①の場合において、他の通信に混信を与えるおそれがあるときは、__C__でなければ呼出しをしてはならない。

	A	B	C
1	送信機を最良の動作状態	電波の周波数	その通信が終了した後
2	送信機を最良の動作状態	電波の周波数その他必要と認める周波数	少なくとも10分間経過した後
3	受信機を最良の感度	電波の周波数その他必要と認める周波数	その通信が終了した後
4	受信機を最良の感度	電波の周波数	少なくとも10分間経過した後

A－6 海上移動業務の無線局におけるデジタル選択呼出通信（注）に関する次の記述のうち、無線局運用規則（第58条の５及び第58条の６）の規定に照らし、これらの規定に定めるところに適合しないものはどれか。下の１から４までのうちから一つ選べ。

　　　注 遭難通信、緊急通信及び安全通信に係るものを除く。

1 自局に対する呼出しを受信したときは、海岸局にあっては５秒以上４分半以内に、船舶局にあっては５分以内に応答するものとする。

2 応答は、次の(1)から(7)までに掲げる事項を送信するものとする。

　(1) 呼出しの種類　　　(2) 相手局の識別信号　　　(3) 通報の種類

　(4) 自局の識別信号　　　(5) 通報の型式　　　(6) 通報の周波数等

　(7) 終了信号

3 海岸局における呼出しは、45秒間以上の間隔をおいて２回送信することができる。

4 応答の送信に際して相手局の使用しようとする電波の周波数等によって通報を受信することができないときは、応答の際に送信する事項の「通報の周波数等」にその電波の周波数等では通報を受信することができない旨を明示するものとする。

答　A－5：**3**　　A－6：**4**

A-7 次の記述は、海上移動業務における無線電話通信において、自局の呼出しが他の既に行われている通信に混信を与える旨の通知を受けた場合の措置について述べたものである。無線局運用規則（第18条及び第22条）の規定に照らし、□□□内に入れるべき最も適切な字句の組合せを下の1から4までのうちから一つ選べ。

① 無線局は、自局の呼出しが他の既に行われている通信に混信を与える旨の通知を受けたときは、直ちに □ A □ しなければならない。□ B □ のための電波の発射についても同様とする。

② ①の通知をする無線局は、その通知をするに際し、□ C □ を示すものとする。

	A	B	C
1	その呼出しを中止	無線設備の機器の試験又は調整	分で表す概略の待つべき時間
2	空中線電力を低下し、混信を与えないように	無線設備の機器の試験又は調整	受けている混信の程度
3	空中線電力を低下し、混信を与えないように	通報の送信	分で表す概略の待つべき時間
4	その呼出しを中止	通報の送信	受けている混信の程度

A-8 次の記述は、海上移動業務における無線電話通信の呼出しの反復及び再開について述べたものである。無線局運用規則（第18条、第21条及び第58条の11）の規定に照らし、□□□内に入れるべき最も適切な字句の組合せを下の1から4までのうちから一つ選べ。

海上移動業務における無線電話通信の呼出しは、□ A □ 反復することができる。呼出しを反復しても応答がないときは、少なくとも □ B □ の間隔をおかなければ、呼出しを再開してはならない。

	A	B
1	1分間以上の間隔をおいて3回	3分間
2	2分間の間隔をおいて2回	3分間
3	2分間の間隔をおいて2回	15分間
4	1分間以上の間隔をおいて3回	15分間

答 　A-7：1　　A-8：2

A-9 遭難通信を行う場合に関する次の事項のうち、電波法（第52条）の規定に照らし、この規定に定めるところに該当するものはどれか。下の1から4までのうちから一つ選べ。

1 船舶又は航空機が重大かつ急迫の危険に陥った場合又は陥るおそれがある場合

2 船舶又は航空機が重大かつ急迫の危険に陥った場合

3 船舶又は航空機の航行に対する重大な危険を予防する場合

4 船舶又は航空機が重大かつ急迫の危険に陥るおそれがある場合その他緊急の事態が発生した場合

A-10 次の記述は、遭難通信、緊急通信及び安全通信の取扱いについて述べたものである。電波法（第66条から第68条まで）の規定に照らし、□□□内に入れるべき最も適切な字句の組合せを下の1から4までのうちから一つ選べ。

① 海岸局及び船舶局は、遭難通信を受信したときは、他の一切の無線通信に優先して、直ちにこれに応答し、かつ、遭難している船舶又は航空機を救助するため □ A □ に対して通報する等総務省令で定めるところにより救助の通信に関し最善の措置をとらなければならない。

② 無線局は、遭難信号又は電波法第52条（目的外使用の禁止等）第1号の総務省令で定める方法により行われる無線通信を受信したときは、□ B □ を直ちに中止しなければならない。

③ 海岸局及び船舶局は、緊急信号又は電波法第52条第2号の総務省令で定める方法により行われる無線通信を受信したときは、遭難通信を行う場合を除き、□ C □ までの間（総務省令で定める場合には、少なくとも3分間）継続してその緊急通信を受信しなければならない。

④ 海岸局及び船舶局は、速やかに、かつ、確実に安全通信を取り扱わなければならない。

	A	B	C
1	最も便宜な位置にある無線局	すべての電波の発射	その通信が終了する
2	通信可能の範囲内にあるすべての無線局	すべての電波の発射	その通信が自局に関係のないことを確認する
3	最も便宜な位置にある無線局	遭難通信を妨害するおそれのある電波の発射	その通信が自局に関係のないことを確認する
4	通信可能の範囲内にあるすべての無線局	遭難通信を妨害するおそれのある電波の発射	その通信が終了する

答 A-9：2 A-10：3

A－11　次に掲げる無線局のうち、遭難警報に係る遭難通信の宰領を行う無線局に該当するものはどれか。無線局運用規則（第83条）の規定に照らし、下の１から４までのうちから一つ選べ。

　　1　遭難船舶局又は遭難通報を送信した無線局から遭難通信の宰領を依頼された無線局
　　2　遭難通報を送信した無線局
　　3　遭難船舶局
　　4　海上保安庁の無線局又はこれから遭難通信の宰領を依頼された無線局

A－12　次の記述は、海岸局又は船舶局が緊急通信を受信した場合の措置について述べたものである。無線局運用規則（第93条）の規定に照らし、□□□□内に入れるべき最も適切な字句の組合せを下の１から４までのうちから一つ選べ。

　①　無線電話による緊急信号を受信した海岸局又は船舶局は、緊急通信が行われないか又は緊急通信が終了したことを確かめた上でなければ再び通信を開始してはならない。
　②　①の緊急通信が　A　行われるものでないときは、海岸局又は船舶局は、①にかかわらず緊急通信に　B　の電波により通信を行うことができる。
　③　海岸局又は船舶局は、自局に関係のある緊急通報を受信したときは、直ちにその海岸局又は　C　に通報する等必要な措置をしなければならない。

	A	B	C
1	自局の近くで	混信を与えるおそれのない周波数	船舶の責任者
2	自局に対して	使用している周波数以外の周波数	船舶の責任者
3	自局に対して	混信を与えるおそれのない周波数	船舶局の免許人
4	自局の近くで	使用している周波数以外の周波数	船舶局の免許人

　答　　A－11：4　　A－12：2

A-13 次の記述は、無線局の免許人が国に納めるべき電波利用料について述べたものである。電波法（第103条の2）の規定に照らし、□□□内に入れるべき最も適切な字句の組合せを下の1から4までのうちから一つ選べ。なお、同じ記号の□□□内には、同じ字句が入るものとする。

① 免許人は、電波利用料として、無線局の免許の日から起算して□A□以内及びその後毎年その応当日（注1）から起算して□A□以内に、当該無線局の起算日（注2）から始まる各1年の期間（注3）について、電波法（別表第6）において無線局の区分に従って定める一定の金額（注4）を国に納めなければならない。

　　注1　その無線局の免許の日に応当する日（応当する日がない場合は、その翌日）をいう。
　　　2　その無線局の免許の日又は応当日をいう。
　　　3　無線局の免許の日が2月29日である場合においてその期間がうるう年の前年の3月1日から始まるときは翌年の2月28日までの期間とし、起算日からその免許の有効期間の満了の日までの期間が1年に満たない場合はその期間とする。
　　　4　起算日からその免許の有効期間の満了の日までの期間が1年に満たない場合は、その額にその期間の月数を12で除して得た数を乗じて得た額に相当する金額とする。

② 免許人（包括免許人を除く。）は、①により電波利用料を納めるときには、□B□することができる。

③ 総務大臣は、電波利用料を納めない者があるときは、督促状によって、期限を指定して督促しなければならない。

	A	B
1	30日	その翌年の応当日以後の期間に係る電波利用料を前納
2	30日	当該1年の期間に係る電波利用料を2回に分割して納付
3	6月	当該1年の期間に係る電波利用料を2回に分割して納付
4	6月	その翌年の応当日以後の期間に係る電波利用料を前納

A-14 次に掲げる書類のうち、義務船舶局（国際航海に従事する船舶の船舶局を除く。）に備え付けておかなければならない書類に該当しないものはどれか。電波法施行規則（第38条）の規定に照らし、下の1から4までのうちから一つ選べ。

1　電波法及びこれに基づく命令の集録

2　免許状

3　無線従事者選解任届の写し

4　無線局の免許の申請書の添付書類の写し

答　A-13：1　　A-14：1

B－1　次に掲げる場合のうち、電波法第18条の規定に照らし、免許人が変更検査（注）を受け、これに合格した後でなければ、その変更に係る部分を運用してはならないときに該当するものを1、該当しないものを2として解答せよ。

　　　注　電波法第18条に定める総務大臣の行う検査をいう。

　ア　総務大臣の許可を受けて船舶局の通信の相手方又は通信事項を変更したとき。

　イ　識別信号の指定の変更を申請し、総務大臣からその指定の変更を受けたとき。

　ウ　無線設備の変更の工事について総務大臣の許可を受け、その変更の工事を行ったとき（総務省令で定める場合を除く。）。

　エ　船舶局のある船舶について、船舶の所有権の移転その他の理由により船舶を運行する者に変更があり、その免許人の地位を承継し、その旨を総務大臣に届け出たとき。

　オ　無線設備の設置場所の変更について総務大臣の許可を受け、その変更を行ったとき（総務省令で定める場合を除く。）。

B－2　次の記述は、義務船舶局の無線設備について述べたものである。無線設備規則（第38条及び第38条の4）の規定に照らし、□□□内に入れるべき最も適切な字句を下の1から10までのうちからそれぞれ一つ選べ。なお、同じ記号の□□□内には、同じ字句が入るものとする。

　①　義務船舶局に備えなければならない無線電話であって、ア を使用するものの空中線は、イ に設置されたものでなければならない。

　②　①の無線電話は、航海船橋において通信できるものでなければならない。

　③　義務船舶局に備えなければならない無線設備（遭難自動通報設備を除く。）は、ウ において、エ を送り、又は受けることができるものでなければならない。

　④　義務船舶局に備えなければならない オ は、ウ から遠隔制御できるものでなければならない。ただし、ウ の近くに設置する場合は、この限りでない。

　⑤　②から④までの規定は、船体の構造その他の事情により総務大臣が当該規定によることが困難又は不合理であると認めて別に告示する無線設備については、適用しない。

1	J3E 電波 2,182kHz	2	F3E 電波 156.8MHz
3	船舶のできる限り上部	4	航海船橋の近く
5	主たる通信操作を行う場所	6	通常操船する場所
7	遭難通信及び航行の安全に関する通信	8	遭難通信
9	衛星非常用位置指示無線標識		
10	衛星非常用位置指示無線標識及び捜索救助用レーダートランスポンダ		

　答　B－1：ア－2　イ－2　ウ－1　エ－2　オ－1

　　　B－2：ア－2　イ－3　ウ－6　エ－8　オ－9

B－3　次の記述は、海岸局及び船舶局の運用について述べたものである。電波法（第62条及び第63条）の規定に照らし、□□□内に入れるべき最も適切な字句を下の1から10までのうちからそれぞれ一つ選べ。なお、同じ記号の□□□内には、同じ字句が入るものとする。

①　船舶局の運用は、その　ア　に限る。ただし、　イ　のみを運用するとき、遭難通信、緊急通信、安全通信、非常通信、放送の受信その他総務省令で定める通信を行うとき、その他総務省令で定める場合は、この限りでない。

②　海岸局は、船舶局から自局の運用に妨害を受けたときは、妨害している船舶局に対して、　ウ　ことができる。

③　船舶局は、　エ　と通信を行う場合において、通信の順序若しくは時刻又は　オ　について、　エ　から指示を受けたときは、その指示に従わなければならない。

④　海岸局は、常時運用しなければならない。ただし、総務省令で定める海岸局については、この限りでない。

1　船舶の航行中
2　船舶の航行中及び航行の準備中
3　無線電話の送受信装置
4　受信装置
5　その妨害を除去するために必要な措置をとることを求める
6　その運用の停止を命ずる
7　海岸局
8　海岸局又は他の船舶局
9　使用する送信機若しくは空中線
10　使用電波の型式若しくは周波数

B－4　次に掲げる処分のうち、電波法（第79条）の規定に照らし、無線従事者が電波法又は電波法に基づく命令に違反したときに、総務大臣が行うことができる処分に該当するものを1、該当しないものを2として解答せよ。

ア　無線従事者の免許の取消しの処分
イ　2年以内の期間を定めて、無線従事者国家試験の受験を停止する処分
ウ　3箇月以内の期間を定めて、無線従事者として従事する無線局の運用を制限する処分
エ　3箇月以内の期間を定めて、無線設備の操作に従事する範囲を制限する処分
オ　3箇月以内の期間を定めて、無線従事者としての業務に従事することを停止する処分

B－5　海上移動業務の無線局の一般通信方法における無線通信の原則に関する次の記述のうち、無線局運用規則（第10条）の規定に照らし、この規定に定めるところに適合するものを1、適合しないものを2として解答せよ。

ア　必要のない無線通信は、これを行ってはならない。

イ　無線通信を行うときは、暗語を使用してはならない。

ウ　無線通信に使用する用語は、できる限り簡潔でなければならない。

エ　無線通信を行うときは、自局の識別信号を付して、その出所を明らかにしなければならない。

オ　無線通信は、長い時間にわたって行ってはならない。

B－6　船舶局の無線業務日誌に関する次の記述のうち、電波法施行規則（第40条）の規定に照らし、この規定に定めるところに適合するものを1、適合しないものを2として解答せよ。

ア　無線業務日誌には、通信のたびごとに次の(1)から(3)までの事項を記載しなければならない。

　(1)　通信の開始及び終了の時刻

　(2)　使用電波の型式及び周波数

　(3)　相手局から通知を受けた事項の概要

イ　無線業務日誌には、機器の故障の事実、原因及びこれに対する措置の内容を記載しなければならない。

ウ　無線業務日誌には、船舶の位置、方向、気象状況その他船舶の安全に関する事項の通信の概要を記載しなければならない。

エ　使用を終わった無線業務日誌は、使用を終わった日から3年間保存しなければならない。

オ　電波法又は電波法に基づく命令の規定に違反して運用した無線局を認めたときは、その事実を無線業務日誌に記載しなければならない。

答　B－5：ア－1　イ－2　ウ－1　エ－1　オ－2
　　　B－6：ア－2　イ－1　ウ－1　エ－2　オ－1

第四級海上無線通信士出題状況

表内のＡはＡ問題、ＢはＢ問題、数字は問題番号です。問題番号のない行は、かつて出題された項目でしたが、現在でも出題の可能性があるため、そのまま残してあります。

［法規］

凡例　（法）電波法　　　　　　　　（施令）電波法施行令
　　　（施）電波法施行規則　　　　（免）　無線局免許手続規則
　　　（従）無線従事者規則　　　　（運）　無線局運用規則
　　　（設）無線設備規則　　　　　　　　　　　　　　　　　＊他項目と重複

四海通　法規

分類	項目	平成31年	令和元年	令和2年		令和3年		令和4年		令和5年	
		2月期	8月期	2月期	8月期	2月期	8月期	2月期	8月期	2月期	8月期
総則	定義（法2）							A1			
	電波の型式の表示（施4の2）	B2			A2			A2	B2		
無線局の免許等	無線局の開設（法4）									B1	
	欠格事由（法5）		A1								
	免許の申請（法6）				B1						
	予備免許（法8）										A1
	空中線電力の指定（免10の3）			A2*							
	工事設計等の変更（法9）										
	落成後の検査（法10）				B1*			B2*			
	免許の拒否（法11）				B1*			B2*			
	免許の付与（法12）										
	免許（等）の有効期間（法13、施7）						B1*				
	免許等の有効期間（終期の統一）（施8）						B1*				
	申請の期間（免18）						B1*				
	審査及び免許の附与（免19）						B1*				
	免許状（法14）					B6*					
	変更等の許可（法17）					A1		A1			
	変更検査（法18）	B1				B1					B1
	申請による周波数等の変更（法19）	A1						A1			
	免許の承継（法20）			A1					A1		
	免許状の訂正（法21）			A14		A13	B6*				
	無線局の廃止（法22、23）				B1*	A1*	B1*				
	免許状の返納（法24）				B1*	A1*	B1*				
	免許状の再交付（免23）						B6*				
無線設備	電波の質（法28）							B6*	A13*		
	義務船舶局等の無線設備の条件（法34）				A3		B2				
	義務船舶局の無線設備の機器（施28）					B2					
	義務船舶局等の無線設備の条件（設38、38の4）			B2				A2			B2
無線従事者	無線設備の操作（法39）					A2*					
	講習の期間（施34の7）					A2*	A2				
	免許（法41）	A2*	B3*	A4*	A3*					B3*	
	免許を与えない場合（法42）		B3*	A4*						B3*	
	主任無線従事者の職務（施34の5）								B1		
	無線従事者の配置（施36）		B3*							B3*	
	免許証の交付（従47）										A2*
	免許証の再交付（従50）	A2*			A3*						A2*
	免許証の返納（従51）	A2*	B3*		A3*					B3*	A2*
	操作及び監督の範囲（四海通）（施令3）						B2				

項目	平成31年 2月期	令和元年 8月期	令和2年 2月期	令和2年 8月期	令和3年 2月期	令和3年 8月期	令和4年 2月期	令和4年 8月期	令和5年 2月期	令和5年 8月期
目的外使用の禁止（法52）	A3	A9*	A5* A11	B2*	A9	A3* A9	A3* B4*	B6*	A9 B4*	A3* A9
免許状等の記載事項の遵守（法53）	A4		B2*	B2*	A3*	A3*		B6*	B4*	A3*
空中線電力（法54）	B4*	A2*	B2*	B2*	A4	A3*		B6*	B4*	A3*
運用許容時間（法55）			B2*	B2*	A3*				B4*	A3*
混信等の防止（法56）			B2*	A5	A3*	A3*	A4			
擬似空中線回路の使用（法57）			B2*	B2*		A3*			B4*	
実験等無線局等の通信（法58）					A3*					
秘密の保護（法59）		A3*		A6	B3*			A3	A2*	
免許状の目的等にかかわらず運用することができる通信（施37）			A5*	B3*			A3*			
時計、業務書類等の備付け（法60）／備付けを要する業務書類（施38）	A2* A14 B6	B3*		A13		B6*	A13	A14	B3* B6	A2* A14
機能試験の記録（施38の4）			A5*			A5*			A5*	
無線局検査結果通知書等（施39）			A2		A14		A14			
無線業務日誌（施40）		B6	B5	A14		A14		B4	A14	B6
時計（運3）										
電源用蓄電池の充電（運5）										
義務船舶局等の無線設備の機能試験（運6）	A6*						A6*	A5*		
双方向無線電話の機能試験（運7）	A6*							A5*		
機能試験の通知（運8）	A6*						A6*	A5*		
遭難自動通報局の無線設備等の機能試験（運8の2）	A6*	A5*				A5*	A6*	A5*	A5*	
無線通信の原則（運10）		A6	B3			A7			A6	B5
業務用語（運14）	A8*	B4*	B4*	A6*	A6*	B4*		A7* A8*	A7* A8*	
送信速度等（運16）						A8*	A7			
無線電話通信に対する準用（運18）	A7* A8* B3*	B4*	A7* B4*	A6* A7*	A6* B4*	A8* B4*	A8* B3*	A6* A7* A8*	A7* A8*	A5* A7* A8*
発射前の措置（運19の2）	A7*				B4*	A8*	A8*	A6*		A5*
呼出し（運20）	B3*						B3*			
呼出しの反復及び再開（運21）			A7*			A8*				A8*
呼出しの中止（運22）	A5* B3*	A4*		A4*		A8*	B3*	A4*	A3*	A7*
応答（運23）	B3*						B3*			
不確実な呼出しに対する応答（運26）	B3*	B4*	A9		A6*	B4*	B3*	A7*	A7*	
通報の送信（運29）					A6*			A8*		
誤送の訂正（運31）										
送信の終了、受信証、通信の終了（運36～38）	A8*									
試験電波の発射（運39）			B4*	A7*			A8*		A8*	
船舶局の運用（法62）	A5*		A7*	A4*	A5	B3	A5*		A3*	B3*
海岸局等の運用（法63）		A4*		A4*			A5*	A4*		B3*
聴守義務（法65）			A8*			A4*			A4*	A4*
遭難通信（法66）	B4*	A10*	B6*	A9*		B5*	B4*	B6*		A10*
緊急通信（法67）		A9*	B6*	A9*	A10*	B5*		B6*		A10*
安全通信（法68）	A10*	A10*	B6*	A9*		B5*				A10*

資料-2

四海通　法規

		平成31年 2月期	令和元年 8月期	令和2年 2月期	令和2年 8月期	令和3年 2月期	令和3年 8月期	令和4年 2月期	令和4年 8月期	令和5年 2月期	令和5年 8月期
運用	船舶局の機器の調整のための通信（法69）										
	入港中の船舶の船舶局の運用（運40）		A7		B3*	A7					
	船舶局の閉局の制限（運41）		A4*					A4*			
聴守電波等	聴守電波等（運42〜43の2）			A8*		A4*				A4*	A4*
	聴守を要しない場合（運44）			A8*				A4*			
	F3E電波156.65MHz又は156.8MHzの指定を受けている特定の船舶局の聴守義務（運44の2）					A4*				A4*	
	電波の使用制限（運58）		A8		B4		A6		B3		
	（デジタル選択呼出通信）呼出しの反復（運58の5）	A9*			A8*			A9*	A10*		A6*
	（デジタル選択呼出通信）応答（運58の6）	A9*			A8*	A8		A9*	A10*		A6*
	準用規定の読替え（運58の11）	B3*		A7*			A8*	B3*			A8*
	（遭難通信、緊急通信及び安全通信）使用電波（運70の2）	A11								A10	
	（遭難通信、緊急通信及び安全通信）責任者の命令等（運71）				B5			B5		A11	
遭難通信	遭難警報の送信（運75）				A10						
	遭難呼出し（運76）			A12							
	遭難通報（運77）		A11					A10			
	他の無線局の遭難警報の中継の送信等（運78）						A10				
	遭難呼出し及び遭難通報の送信の反復（運81）	A12				A11			A9		
	遭難警報等を受信した船舶局のとるべき措置（運81の5）	B4*							A11		
	遭難通報等を受信した海岸局及び船舶局のとるべき措置（運81の7）						A11				
	遭難警報等に対する応答等（運81の8）			A13						A12	
	遭難通信の宰領（運83）				A11			A11			A11
	緊急通信を受信した場合の措置（運93）		A9*			A10*					A12
	安全通信の受信とその通知（運99）	A10*	B5			B5			A12		
監督	周波数等の変更（法71）			A12							
	電波の発射の停止（法72）				A13		B6*	A13*	B6*		A13*
	検査（法73）	B5					B6*	A13*	B5		
	無線局の免許の取消し等（法76）	A13		A14				A12	B5		
	電波の発射の防止（法78、施42の4）		B1*			A1*	B1*				
	無線従事者の免許の取消し等（法79）			A4*	A12						B4
	報告等（法80、81）			A10	B6			A12*	A13		
	報告（施42の5）							A12*			
雑則・罰則	電波利用料の徴収等（法103の2）					A12					A13
	遭難通信の不取扱い又は遅延に関する罰則（法105）										
	虚偽の通信を発した者に関する罰則（法106）										
	秘密の漏えい、窃用に関する罰則（法109）		A3*			B3*				A2*	
	懲役又は罰金に該当する者（法110）										
	30万円以下の罰金に処する者（法113）		B1*			B1*					

四海通　無線工学

分類	項目	平成31年 2月期	令和元年 8月期	令和2年 2月期	令和2年 8月期	令和3年 2月期	令和3年 8月期	令和4年 2月期	令和4年 8月期	令和5年 2月期	令和5年 8月期
電気磁気	電気磁気量に関する単位			A1				A1			
	電流と磁界の関係				A1						A1
	点電荷の作る電界		A1			A1		A1			
	フレミングの左手の法則					A1					
	磁気誘導と磁性体	A1						A1			
電気回路	電圧と電流の位相差										
	正弦波交流電圧・電流の瞬時値、実効値、周波数	A3			A3	A3					A2
	交流回路の消費電力、力率			A3				A3	A2		
	RL 直列回路の端子電圧の位相差										
	RL 直列回路のリアクタンス、インピーダンスと電流					A3					
	RLC 並列回路のリアクタンスと電流										
	直列共振回路										
	並列共振回路		A3						A3		
半導体・電子管	半導体の説明			A2							
	ダイオード			A2							A3
	FET（電界効果トランジスタ）の構造、特徴								A2		
	トランジスタと FET の比較									A3	
電子回路	増幅回路の電圧利得			A4		A4					A4
	演算増幅器	B1	A5	B1		B1	A4			B1	
	論理回路、真理値表、タイミングチャート	A4	B5	B5		A4		B1		B2	
	水晶発振器の発振周波数										
	トランジスタの増幅率　エミッタ接地					A2					
	トランジスタの増幅率　電流増幅率 α と β の関係	A2						A2	A2		
	トランジスタの増幅率　接地方式と電流増幅率										
	接合形 FET 増幅回路		A2								
	増幅回路に負帰還をかけたときの効果					A4	B1		B1		A5
	PLL の基本構成			A5			A5			A5	
送信機	AM 送信機の構成と必要条件		A5			A5	A5			A5	A6
	リング変調器の動作										
	SSB 送信機の構成	A6		A6							A7
	SSB 用帯域フィルタの動作		A6								
	FM 送信機の構成										
	FM 送信機で用いる（ない）回路					A6	A6				
	占有周波数帯幅を表す式		A9			A9		A6			
	寄生振動の発生とその影響						A5				
	発振周波数の変動原因と防止策								A4		
受信機	無線局の混信対策										
	スーパヘテロダイン受信機の構成、特徴	A7	A7			A8				A7	A8
	受信機の性能				A8	A7			A8		
	受信機に高周波増幅器を設ける目的						A8	A7		A7	
	SSB 受信機の構成				A7						
	SSB 受信機で用いる（ない）回路									A4	B1
	FM 受信機の構成、特徴	A8		A7						A6	
	FM 受信機で用いる（ない）回路		A4		A8			A8			

資料-5

無線従事者国家試験問題解答集

第四級海上無線通信士

発　行	令和6年1月17日
電　略	モ　ホ

発行所　**一般財団法人 情報通信振興会**
　　　　〒170-8480
　　　　東京都豊島区駒込2-3-10
　　　　販売　電話　(03) 3940－3951
　　　　　　　FAX　(03) 3940－4055
　　　　編集　電話　(03) 3940－8900＊

　　　　振替　00100－9－19918
　　　　URL　https://www.dsk.or.jp/
　　　　印刷所　船舶印刷株式会社

ISBN978-4-8076-0987-1　C3055　¥2900E

各刊行物の改訂情報などは当会ホームページ
（https://www.dsk.or.jp/）で提供しております。

＊内容についてのご質問は、当会編集部宛FAXまたは書面でお願いいたします。
　お電話によるご質問は受け付けておりません。
　なお、ご質問によってはお答えできないこともございます。